人生迷茫又迷人

现代人如何逃离 复杂时代的困境

杜俗人／著

中国财富出版社

图书在版编目（CIP）数据

人生迷茫又迷人：现代人如何逃离复杂时代的困境／杜俗人著.—北京：中国财富出版社，2017.7

ISBN 978－7－5047－6550－5

Ⅰ.①人… Ⅱ.①杜… Ⅲ.①随笔—作品集—中国—当代 Ⅳ.①I267.1

中国版本图书馆CIP数据核字（2017）第176276号

策划编辑	单元花		责任编辑	张冬梅 俞 然			
责任印制	方朋远 梁 凡		责任校对	胡世勋 卓闪闪		责任发行	董 倩

出版发行	中国财富出版社		
社　　址	北京市丰台区南四环西路188号5区20楼	邮政编码	100070
电　　话	010－52227588 转2048/2028（发行部）	010－52227588 转307（总编室）	
	010－68589540（读者服务部）	010－52227588 转305（质检部）	
网　　址	http://www.cfpress.com.cn		
经　　销	新华书店		
印　　刷	北京京都六环印刷厂		
书　　号	ISBN 978－7－5047－6550－5/I·0268		
开　　本	710mm×1000mm　1/16	版　次	2017年11月第1版
印　　张	18.75	印　次	2017年11月第1次印刷
字　　数	337千字	定　价	38.00元

版权所有·侵权必究·印装差错·负责调换

序　言

一

　　这是一本与众不同的书！

　　别的书籍往往有很多故事，这里却有很多"事故"——现实生活中真实的案例。

　　这些"事故"的主角是明星、考生、妻子；小贩、保姆、大学生；母亲、求职者、农民；老人、服务员、导游……

　　他们的遭遇各不相同，或是伤害了自己，或是伤害了别人，或是在困境中挣扎，或是在现实中迷失；他们都是网络上的新闻人物，并被大众热烈地讨论。

　　在这里，他们作为一个个具体的案例，被我从特殊的角度进行剖析，这个角度就是——人的现代化。

二

　　"现代化"这个词儿从20世纪七八十年代开始，迄今已经热了近半个世纪。

　　人们往往把"现代化"理解成科技化或技术化，以为用机械取代牛马耕地就实现了农业现代化，以数控机床取代手工操作就实现了工业现代化，以为联网管理、无纸操作就实现了社会管理现代化等。其实，"现代化"还有一个非常重要的方面——人的现代化。

　　非常简单，当这个社会中的人还随意闯红灯过马路，还随手损坏共享单车，还在每个排队的场合寻找机会夹塞，那么，这个社会中人的现代化就存在很重要的问题，而人的现代化的滞后最终会阻碍社会的现代化进程。

　　美国社会学家阿历克斯·英格尔斯把人的现代化分为心理、思想、态度、行为四个方面，就是说，只有当人在这四个方面达到一定的标准，才算实现了人的现代化。否则，即使"神舟"频繁飞天、网络连接无限、到处智能家电，人类社会也不能说已经实现完全的现代化。

毕竟，社会的主体是人，而不是高楼大厦或飞船火箭。

三

具体到今天的我们，由于时代发展太快，科技进步太快，而人类基因演化太慢，灵魂已经跟不上外部世界的变化。于是，在飞速发展的社会里，在光怪陆离的环境下，人们跌跌撞撞、磕磕绊绊地追赶，陷入重重困境之中，双眼迷离，狼狈不堪。

是什么让现代人备感迷茫？

我们就说眼前，当时间的脚步迈入 21 世纪，人类社会突然变得空前复杂。这种复杂，其原因有互联网、大数据、云计算、人工智能等技术的突飞猛进对人类传统社会形成的冲击，有世界再一次进入摩擦模式所造成的对全球化观念的冲击，有经济发展、福利增加、身份转换造成的生存环境与人际关系的变化，也有个人觉醒造成的自我对个体与世界关系的重新审视。

新技术、新观念、新环境、新心态，新的一切为我们制造了一个超级复杂的环境，这就是迷茫的来源。

四

一切都是新的，而我们生活在新旧交替的过程中。既往的经验不再适用，新的规则还没有形成。今天的人们，从 8 岁到 80 岁，每一个人的身份都是实习生——实习让自己去努力适应这已经让人们看不懂的社会，也就是从心理、思想、态度、行为诸方面实现"现代化"。

在任何一个环境里，实习生都会有师傅——一个经验丰富的先行者或"先知"来教我们学习一切。

可是，在 21 世纪的今天，没有人敢说我已经洞悉未来世界的奥秘，虽然有各种各样的预言、预测、预警风行于世。想要活好今天、走向明天、逃离复杂时代的困境，我们只能在实践中对自己的心理、思想、态度和行为不断调整与调适。

于是，上述那些现实生活中鲜活的案例就变得更有意义。他们遭遇的困境、他们对困境的处理会给我们以提示或警示，让我们审视自己的思想态度、反思自己的言论行为，并避免犯与他们同样的错误。

五

好累啊！！！

每一个夜晚，当一个个疲惫的身体扑向沙发、床铺，咽喉里，不，灵魂里都会发出这样的呻吟。

这呻吟，既出自亿万财富的拥有者，也出自建筑工地上的搬砖人，既出自手握资源雄视高蹈的实权派，也出自貌似收入稳定碌碌庸庸的小职员。

每个人都在劳累，每个人都在折腾，我们在寻求释放自己的生命活力的路途中劳累，我们在努力活出更优秀的自己中劳累，我们在追求理想与梦想中劳累，因为新的一切带来的不仅仅是挑战与困境，还有梦想与机会。

没有哪一个时代，人生如此迷茫；也没有哪一个时代，人生如此迷人。

六

在这样的时代，能够以一名社会观察者的身份去生活是幸运的。

从1994年进入传媒行业，我从事新闻工作迄今超过20年，做过党政媒体和市场化媒体的管理者及经营者，是货真价实的资行业深媒体人；从2008年开始写博客到做微信公众号、"毒药"和搜狐个人主页等自媒体，在网络上笔耕近十年，累计作品百万余字，累计阅读量超过百万字，是如假包换的自媒体"老司机"。

如此长时间持续的媒体工作，让我养成了一种习惯，也可以叫职业病，就是我的文字不够浪漫、缺少空灵。我总是以纯粹的客观现实为对象，就现实社会种种变化对人类的影响和冲击作踏踏实实的理性思考。我所写的一切都是源于现实，生活就是这个样子，现实就是这个样子，我只是想在现实的基础上，寻找当代人的活法、活路，从而活出我们从个体到群体的幸福、快乐、价值、意义……

当然，虽然我的一切都是现实主义的，但我也有努力追求的诗和远方。只不过，我的诗和远方是在与现实妥协的基础上，力所能及的诗和远方。

在这样的时代里，我，一个年过五旬的观察者、思想者，愿意与大家一起，以一个"实习生"的身份，努力在这迷茫的时代里，活出我们迷人的人生。

杜俗人
2017年3月

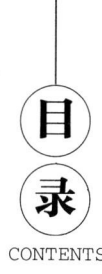

目录 CONTENTS

第一章 你是合格的现代人吗 ········· 001

我们搬进了城市，住进了楼房，并不能证明我们已经是现代人、文明人。当我们依然随意横穿马路，依然热衷于占各种小便宜，依然随机起意就能讹上一个帮助我们的人……我们，就离现代文明还有很远的距离。

- 人们为什么不惜命 ········· 003
- 撒谎成风与契约社会 ········· 005
- 从"理情法"到"法理情" ········· 008
- 法律与道德的常识与共识 ········· 011
- "一人做事一人当"是现代文明 ········· 014
- 现代社会是"自由人的自由联合" ········· 016
- 一个合格现代人应该知道的 ········· 019
- 你可以没单位，但不能没组织 ········· 022
- 球迷骚乱、主办方下跪与契约精神 ········· 026
- 谁让"老流氓"肆无忌惮 ········· 029
- 恃弱凌强是绑架道德、践踏法律 ········· 033

第二章 复杂时代的价值观 ········· 037

在这个复杂的时代里，幸福、意义、目标、快乐、美好这些价值观都发生了或大或小的变化，而我们的价值观是否能够跟上时代的步伐，也决定了我们能否在这个时代里幸福地生活。

幸福是小范围比较出来的 ·········· 039
　　意义的个人性标准 ·········· 042
　　"活明白"还是"活舒服" ·········· 045
　　快乐在自己心里，与他人无关 ·········· 049
　　理解、谅解与原谅 ·········· 052
　　美的人生就是有你喜欢的人和事 ·········· 054
　　为什么要活得有滋味儿 ·········· 057
　　门庭若市好做事，门庭冷落好读书 ·········· 060

第三章　换个角度多维看世界 ·········· 063

　　我们对很多事情看法不同，往往不是因为对错，而是因为角度。换个角度，或者多个维度，我们看到的世界就是不一样的，我们的心情境遇也可能就因此而有很大的变化。

　　网络时代的两重人生 ·········· 065
　　不同的其实是角度 ·········· 068
　　用感情胁迫理性的结果会很糟 ·········· 070
　　你是老了，还是懒了 ·········· 073
　　尊严丢了，很难捡回来 ·········· 075
　　问题讨论与泼妇骂街的区别 ·········· 079
　　遇险不能自救，我们缺什么 ·········· 082
　　节日，需要一个好的主题 ·········· 086
　　惯偷母亲，还值得帮吗 ·········· 088
　　人机对战，人是输给了自己 ·········· 092
　　专家与权威 ·········· 097

第四章　小事情何以酿大错 ·········· 101

　　很多小事，后面都有大道理。我们做错了小事，往往不是因为疏忽，而是不明白后面的大道理，违反了后面的大道理，才酿成大错误。所以卖冥纸的杀人不是因为抢地盘，而是因为面子，面子大过天。

多留面子，才能少挨刀子 …………………………………………… 103

　　"得饶人处且饶人"，是教你保护自己 ………………………… 105

　　什么事都要坚持到底吗 …………………………………………… 108

　　防备日常危险，你要有意识 ……………………………………… 110

　　为什么总是"祸不单行" …………………………………………… 113

　　适时放手是一种智慧 ……………………………………………… 115

　　"丢三落四"的习惯改不了吗 ……………………………………… 117

　　别吵吵！我们仅仅是习惯性违规 ………………………………… 120

　　医患之间的信任多重要 …………………………………………… 123

　　救命何以成追命 …………………………………………………… 125

　　加冰不加冰，差别在冰块吗 ……………………………………… 128

第五章　关于城市的是是非非 …………………………………… 131

　　城市是典型的人造物，因人而生、因人而兴，也因人而败。它的大小都只是为了适应人的需要，并不是越大越好，越小越不好；也不是越大越幸福，越小越不幸福。

　　不提供机会是城市最大的失败 …………………………………… 133

　　不逃离就会被腐蚀 ………………………………………………… 135

　　为什么他们痛苦却不离开 ………………………………………… 137

　　车流拥堵与商业聚集 ……………………………………………… 139

　　为城市多留些可触摸的历史吧 …………………………………… 143

　　城市大小不重要，人的幸福感才重要 …………………………… 145

第六章　逍遥于生死之间 …………………………………………… 149

　　在人生的列车上，尽量让自己开心一点儿，欣赏车外的风景，瞄两眼同车的美女，给身边人一个微笑，你就会收获美景、美色，还有别人回报给你的美丽笑容。这个时候，你的心情会不会好一些，身上的痛苦会不会减轻一些呢？

　　在人生的列车上，做个微笑的乘客 ……………………………… 151

灾难也许躲不开，灾难一定能过去 …………………………… 154
　　为什么世界出问题，你却惩罚自己 …………………………… 157
　　跳出狭窄的世界，才有希望 …………………………………… 159
　　磨难帮助我们成长成熟 ………………………………………… 162
　　麻烦最多的时候，你也最有活力 ……………………………… 164
　　"肚子里的鬼"，每个人都有 ………………………………… 167
　　假期怎么样，开不开心，累不累 ……………………………… 170
　　结婚是找搭档，不是买毛驴儿 ………………………………… 172
　　如何抓住流逝的时光 …………………………………………… 175
　　缺了的人生课，早晚要补上 …………………………………… 177

第七章　商业世界需要商业头脑 ……………………………… 181

　　零成本只是降低了你入市的门槛，却不能提高你做生意的情商。经营是需要商业头脑的，而商业头脑不是谁都有的。淘金客能从沙子里发现金子，游客却只能看到一片海滩。

　　没本儿的买卖能做多久 ………………………………………… 183
　　在丛林里晒人品能走多远 ……………………………………… 184
　　因人品而起步，因什么才长久 ………………………………… 187
　　也许"票友"才是微商的真谛 ………………………………… 189
　　除了挣钱，企业该有其他目的吗 ……………………………… 192
　　企业是怎么成为"僵尸"的 …………………………………… 195
　　不让企业死去不是市场经济 …………………………………… 198
　　互联网时代的好企业是怎么来的 ……………………………… 200
　　价值观排序里，有比钱更重要的 ……………………………… 203
　　制度性敲诈勒索，竟如此理直气壮 …………………………… 206
　　行为之恶，借制度之恶恣意释放 ……………………………… 211
　　股票·一元团·博傻游戏 ……………………………………… 214

第八章　孩子的未来该谁来决定 ……………………………… 219

　　在孩子的人生中，家长的期许只能像暗恋的情人一样躲在角落里，用一双眼睛默默地注视着那个心上人，并祈祷着他有自己期待的回应；你可以暗示，可以鼓励，但不能去绑架或胁迫他作出自己期望的反馈。哪怕是用999朵玫瑰。

  孩子，你就当是去探险吧 …………………………… 221
  该谁来决定孩子的未来 ……………………………… 223
  不会保护自己，哪里都不安全 ……………………… 226
  父母的话该不该听 …………………………………… 228
  不要让学习成为你唯一的本事 ……………………… 230
  好孩子为什么输不起 ………………………………… 233
  百毒不沾的孩子为什么更脆弱 ……………………… 236

第九章 季节里的心潮起伏 …………………… 239

  季节是要转换的，生命是有周期的。四季轮替，锤炼生命坚强；生老病死，演绎天道循环。每个季节自有它的使命，自有它的意义，需要我们用心去感受、体会。

  风物长宜放眼量 ……………………………………… 241
  春天，是一切开始的日子 …………………………… 243
  "舒服"的味道 ……………………………………… 245
  雨中咖啡半生缘 ……………………………………… 248
  匆匆的蚂蚁，匆匆的人 ……………………………… 251
  那一声声呼唤，让我泪流满面 ……………………… 255
  凛冽的日子到了 ……………………………………… 257
  跨年的思绪 …………………………………………… 260
  雪胡同里的春节大逃亡 ……………………………… 262
  美景能遇亦须能赏 …………………………………… 264

第十章 旅行中的人生感悟 …………………… 269

  所有旅行者看到的都是相同的东西，但这同样的东西却给每个人很多感受，有些相同，有些不同。相同的，是源于我们共同的所见所闻、经历经验；

不同的，是源于我们不同的知识见识、文化储备。

别让旅行变成照片上的旅行 ………………………………… 271
赶的是路，感受的却是人生 ………………………………… 274
一树红花·海南惊艳 ………………………………………… 277
高速上的牛群·海南B面 …………………………………… 279
远行，寻找并唤醒记忆深处的美 …………………………… 281
拉卜楞寺：那不被欲望主宰的灵魂 ………………………… 284
已经误了风景，别再坏了心情 ……………………………… 286

第一章

你是合格的现代人吗

我们搬进了城市，住进了楼房，并不能证明我们已经是现代人、文明人。当我们依然随意横穿马路，依然热衷于占各种小便宜，依然随机起意就能讹上一个帮助我们的人……我们，就离现代文明还有很远的距离。

人们为什么不惜命

一

一个深冬的夜晚,我上夜班,正遇晚高峰。

到十字路口等灯,四面灯光交错,把夜幕笼罩下的世界切割得支离破碎。

正在这时,从旁边幽暗的非机动车道上驶来一辆农用三轮车,它正慢慢地往路中间蹭。那车没有篷,司机缩成一个棉花包,堆在驾驶座上。右转车从他后边鸣着喇叭通过,他吓得往前一拱,这时他左边的车道绿灯亮了,直行车又从他眼前呼啸而过。

前后都是目露凶光呼啸奔驰的汽车,我虽然看不清那司机的表情,但从他频频摆动的头和频繁动—停—动—停的车,我能感受到他内心的不安。

终于左侧车道红灯亮了,他瞅准机会往前冲。路太宽了,刚冲到中间,右侧车道的直行车已经抢在他前面通过,把他隔在路中间,他在那儿明晃晃、孤伶伶,又那么渺小,仿佛随便一股力量,就能把他碾碎。

二

学校与幼儿园门前,每到上学放学时间,都是车的洪流。而这洪流又是由一群车技最差的人——孩子妈妈——组成。

我不是贬低女司机,男司机和女司机都有好手和臭手。

但很多妈妈司机都是因为要接送孩子才买车学车,这是不争的事实。她们平时很少有开车机会,很少历练,经验很少,对于汽车驾驶这个纯熟练工种来说,当然是车技相对最差的一群。

可就是在这样的环境下,每天接送孩子,我总能看到上了岁数的老人拉着幼小的孩子跟汽车争道。

他们或者大摇大摆走在路上对双向来车视而不见,或干脆就在运动的汽车空隙间拉着孩子穿行。想一想,假设有一个司机操作失误,那么这老的小的就会在钢铁之间成为"肉夹馍"。

三

还有一件事。

朋友家的长辈从乡下来,性格开朗,忙忙叨叨的。朋友家做炒菜什么的,老人不喜欢吃,就喜欢吃大葱大酱之类。

聊天儿中,知道老人有糖尿病,早期糖尿病,医生早就提醒老人要低脂低盐低糖饮食。

我们也善意地提醒老人,可得注意,不能吃太多大酱什么的。

老人不在意地说,我都这么吃大半辈子了,不管它。

半年后,老人再来,糖尿病已经很重,治病来了。

四

年轻时看明清公案小说或民间故事,里面总会有一些特别愚蠢的人,做出一些明显不理性的行为。当时,我的理解是那个时候的人没文化,愚昧。

1949年以后,中国开始普及义务教育,尤其是改革开放以后,社会向经济社会、法治社会迈进。

经济学有一个预设,即人是理性自利的。也就是说人都是理性的,都会主动选择有利于自己的行为。

可是上面的三个例子,哪个选择的是有利于自己的行为呢?

闯红灯的,抢道的,不注意饮食的,他们做的都是危害自己生命健康的事情。

而冒险换来的是什么呢?

一两分钟时间而已,对不良饮食习惯的维持而已。

哪个的分量能够与生命健康相提并论呢?

五

老杜读小学中学的时候,有一句名言被所有人反复引用,"人最宝贵的是生命。生命对每个人只有一次……"

回头想想,我们真的是这么认为的吗?真的这么拿自己的生命当回事儿吗?

稍微对人作一些观察,就会发现,人们很多时候都不是理性的。

人们并不总是选择自利的行为,而往往是根据习惯、习俗、大众的选择来作出自己的选择。

车流滚滚的路口，只要有一个人敢闯红灯，那么后边就会有一群人跟上。大家已经习惯于无视红灯，只要有人带头，闯龙潭虎穴后边也有人随大溜。

整个乡村，都没有形成科学饮食的氛围，那么，人们就会依然按习惯吃喝，而不考虑自己的身体是否已经无法承受。

习惯、习俗不改，健康的生活方式、行为方式没有为大众接受，人们就会继续保持不良的生活及行为习惯。

六

可喜的一点是，在城市，尤其是大城市，人们的这种不良的习惯、习俗已经有了很大的改变。

老杜的上述事例虽然都观察自城市，但其行为人却往往都是城市的客人或边缘人，不是城市生活的主体人群。

比如，在学校与幼儿园门前，极少看到年轻的妈妈带孩子抢道，也极少有城市的机动车去十字路口闯红灯。这固然有交通法规的高压，但同时说明城市人的素质相对较高，一些良好的习惯正在形成。

当然形势也不是特别乐观，过马路不走斑马线、跨隔离带、闯红灯还在城市普遍流行着。

这说明，距离成为真正的文明人，我们还需要更长的时间。

撒谎成风与契约社会

一

在咖啡馆遇到以前的同事，跟我讲他这些年的打工经历，很有意思。

同事以前跑采访，整日东奔西走，吃住不规律，后来胃出了问题，必须定时定量吃东西，还不是什么都能吃，要避免过于刺激胃的食物。

这毛病不大却也不小，反正不适合东奔西走。于是就在父母的压力下辞了做采访的工作，到各种企业专门应聘生活规律的岗位。挣多少钱不重要，重要的是生活要有规律，按时上班下班。

在他父母的想象里，文员就是这样的工作。于是就让他专门去应聘各种文员。

二

因为有新闻从业经历，又有一叠在报纸上发表过的稿件，对他来说，求职并不是难事。

很容易就被一家企业录用，要他做企划部长。他说不行，工资可以少一点儿，但企划部长我不做，我只做文员。企业也答应了。

可是一上班，干的还都是企划的活儿，还是要跑现场、跑协调，还是三餐不定时。

他去找老板，说你不守信用，这些都是企划部的活儿，不是文员该干的。

老板说我们企业小，没有那么多细化的设置，让你干什么你就干什么，没什么该干不该干的。

他一生气，辞职了。

三

后来又找到一家大一些的企业，说好了只做文员，不跑外勤，不做文员以外的事。因为材料写得好，企业同意了。

只不过岗位不叫文员，叫文秘。

当时谈好，主要负责写材料，管理收发文件，整理编发会议纪要什么的。

因为他材料组织非常缜密，待人应答能随机应变，老板非常满意，有时出去谈客户，就带着他，还流露出要重用他的意思。

其实这些都是当记者时练出的本事，每个合格的记者都具备，他并不是新闻采编队伍里的佼佼者。

这样一来生活、饮食的规律性又被破坏，有时还要喝酒。一个月下来，本来已经好了许多的胃又开始犯病，他又不得不辞职。

四

在家养了两个月胃，再去求职，基本就是前两个模式的重复，于是他就这么炒来炒去地炒了十多个老板。无聊的时候去咖啡馆里坐着，遇到了我，就给我叨咕叨咕他的经历。

跟我聊的时候，他流露出一种困惑，就是人们普遍的不讲信用，而且还都理直气壮。

比如他炒掉的十余个老板，都了解他的胃病，都答应让他只做文员，不涉及其他。

可是，一旦开始工作，他们无一例外地忘掉他的胃病，违背自己的承诺，给他增加他不该干的工作。理由基本就是两个，或是你拿我的钱，就该干我给你派的活儿；或是我要重用你，你自然得多付出。

同事说，他什么不去机关或事业单位找工作？就是因为他们那里没有规则。所以，我宁可去企业打工。我以为，商业社会的基础就是契约，就是合同，做生意签合同，招人求职也签合同，有了合同，大家就会认真履行合同。

可是，这些在契约环境里讨生活的人，却偏偏不重视契约。签约承诺时信誓旦旦，履行合同时却马马虎虎，违约则是家常便饭。

五

他的这番话让我想起七八年前的一些旧人旧事。

当时我的工作范围涉及与一些企业家合作，大家常常会在一起交流沟通。

一次正在谈着，老板突然接到一个电话，对方说你不是说下午三点到吗？现在都三点十分了，你啥时能到？

马上马上，顶多十分钟。老板合上电话，继续与我们谈细节。

十分钟过去了，我看他还没有着急要走的意思；十五分钟过去了，那头电话又来了，他还是那句话，马上马上，顶多十分钟……

我们一直谈到下午五点半，然后他又热情地张罗一起吃饭。

当时我涉足经营时间比较短，对这种做事方式非常反感。后来跟一个也是当老板的朋友谈起这件事，他笑着说，见多了你就不奇怪了。

六

市场经济是以契约为基础，这个契约包括各类协议、合同，也包括口头承诺；而中国传统的儒家文化讲正心诚意、修身齐家、治国平天下，一切从自身做起，从心意的正与诚做起。不管是舶来的西方文化，还是中国的传统文化，都是摒弃言而无信的。而目前现实却是，作为市场经济基本细胞的企业家们则信口承诺、动辄违约。

如果说一个对员工撒谎的企业老板会对社会信守承诺，一个对合作伙伴言而无信的企业老板会信守合同，你信吗？

中国改革开放将近四十年，中国加入世贸组织也已经十七八年，说实话、重契约、守承诺在我们的社会上还远远没有在每个人的心里达成共识。

从"理情法"到"法理情"

一

青岛胶州一中高三考生常升，报考陕西师范大学的免费师范生，但志愿竟然被人偷偷窜改，结果与大学失之交臂。常升怀疑自己的同班同学窜改了他的志愿，这位同学报考了和他一样的大学，分数比他还要低，结果这位同学被陕西师范大学录取。

问题出来了，怎么办？

很长一段时间我不再愿意做新闻评论，就是因为对事件的运行逻辑感到失望。每一个新闻事件都应该是普及相关政策、法律、法规的好机会，让广大的读者在读了这样的新闻以后，了解其中的是非判断，从而知道自己以后遇到这样的事该怎么办。就是说，每一个新闻事件，尤其是重大新闻事件，都应该被做成普法案例。

可是，事情的发展却往往不能够按照正确的道路演进，往往弄成一地"鸡毛"，不但不能教育大众，反而引诱效法。

结果是，同样的同类的新闻事件重复出现，大众要一次次从头分析，一次次经历一地"鸡毛"。

比如"医闹"，"医闹"这个词居然能变成专门词汇，不就是一群人在医院里违法乱纪、破坏秩序、毁坏公物吗？

按律当抓，这是一点疑问也没有的。即使医院有错在先，你也无权以毒攻毒，你没有执法权、定罪权、惩罚权，你只能报警或向其他有执法权的组织机构投诉。

所以，当第一个"医闹"出现，立马绳之以法，那么，还会有现在愈演愈烈的"医闹"吗?

当在医院里的打砸抢被定义为"医闹",好像就不是违法犯罪行为了,所以有理闹,无理也闹……

二

发现志愿被窜改,常升该怎么办?

有没有一个公认的处理问题的正确程序?

我们先拉开距离远远地向历史深处望一望。

假如这件事发生在古代,处理方式应该是这样的:

首先,由被窜改志愿的考生的家长或族长,找到窜改志愿的孩子的家长或族长,谈情况,提要求。

你们家族的孩子窜改了我们族里孩子的志愿,导致我们族里的孩子没有考上状元,你看这件事该怎么办?

对方一看自己家孩子惹事了,而且还理亏,就说,这么着,我们把孩子找回来问清楚情况,如果我们孩子做了错事,我们肯定会给你们一个交代。

于是把孩子找回来问,果然是自己孩子做了错事,输了理。

那怎么办呢?

找人,找说和人。

一打听,本族里三叔与对方族里长辈二大爷有交情,那就由家长带着孩子去找三叔,求三叔出面说和。

三叔把情况向孩子问清楚,然后就去找好朋友——对方的二大爷,老哥俩把情况一说,孩子做了错事,赔礼、赔钱都可以,既然事儿出了,我们认错。

然后二大爷回族里找族长与被坑孩子的家长商量,人家孩子已经知道错了,事儿已经出了,毕竟一个村住着,低头不见抬头见的,看看你们有什么要求,赔礼还是赔钱,提个要求,我给你们去要,一定要让咱孩子出了这口气。

然后就是这边提出要当面赔礼,再加200两银子,就行了。于是,犯错的人家办个酒席,当面赔礼过钱,再请对方孩子的家长、三叔、二大爷及相关人等大吃一顿。事儿就这么处理完了。

三

这是古代,做事先看有没有理,然后再通过感情沟通来解决问题,赔理赔钱。

当然，如果做了错事的一方不肯认错，蛮不讲理，那么，受害的一方就要报官了。而事情一旦进入官门，就多了个利益第三方——官府，事情的发展就不受当事双方的控制了，往往走到最后，双方都受伤，官府吃完原告吃被告，成了唯一赢家。

所以，古代有一句俗话，叫"生不入官门，死不入地狱"，把官府与地狱并称。

古代社会是熟人社会，其基础构成是家庭，家庭稍加扩展就是家族，家庭、家族里的人们之间的关系是亲情关系，亲情是主要纽带。

那个时代，绝大多数事情只需要以理判别、以情沟通就可以了，而诉诸法律与执法者，只是最后没有办法的办法，他们是在为社会最后兜底。大量的民间矛盾，在民间的情理沟通中就处理完了。

而现代社会的基本结构是个体的人——个人，尤其是个人的大范围流动，把整个社会变成了陌生人社会。在陌生人社会里，处理人与人之间的矛盾讲情是不行了，因为陌生人之间没有情感基础；讲理也很难，因为没有一个公认的第三方机构来管理，双方各执一词，各说其理，也无法判别是非；大家只好讲法，因为唯有法律有公认的第三方权力机构，这个机构用政府做公信力背书，用政府的强力做执行保障，能够获得大家的认可与服从。

所以，现代社会处理问题的顺序就是法在最先，在法定是非之后，再运用情与理作适度调整，以使结果更符合社会现实。

四

那么，被坑的考生常升到底该怎么办？

先报警，迅速通过警方锁定证据、控制嫌疑人。

这个非常重要，是以后一切处理方案的基础。即使最后不走司法渠道，而是通过调解和解，这一条也省不下。

如果无法锁定证据、控制嫌疑人，那么，缺少证明，无法确定作案人，或嫌疑人失踪，无法确定案情，都将使问题无法得到解决，受害人的损失也就无法得到及时的弥补与赔偿。

据报道，这个案件中的那个熊孩子嫌疑人已经承认，并找老师帮助说和，同意赔偿，请求不追究法律责任。

事情到这一步，如果常升跟他的家长同意接受赔偿，那么，一切就回到了上面已经描述过的熟人社会的情理处理模式，这里不赘述。

如果常升与家长不同意赔偿，要求依法处理，那么，就要由公安机关侦察，法院审判，最终嫌疑人是该坐牢还是又坐牢又赔钱，就由法院依法判定了。

老杜不是法官，又不是律师，关于此案的审断，不能依法合理猜测，只是想借这个事件做载体，跟朋友们聊一聊在现代社会这个陌生人社会的大环境下，如何思考与处理社会问题与矛盾。如果能够帮助朋友们建立起一个思考相关问题的路线图或框架，我这一晚上的笔墨就不算白费了。

法律与道德的常识与共识

一

公交车上，有人骚扰女生，武校学生出面制止，这是好事；

动车上，看到老人站着，有青年起身让座，这也是好事；

小区里，看到有人偷车，张先生冲上去抓住了偷车贼，这还是好事……

这么多好人，这么多好事，社会多和谐，多么好啊！

可是，事情怕仔细分析：

有人骚扰女生，只有武校两个学生出面制止，一公交车的人，都假装没看见；

老人站了一阵子，才有一个青年起来让座，满车的其他人，都没有让座；

张先生冲上去抓偷车贼的时候，附近有很多人，但没有人出手帮忙……

这么一想，这社会多冷漠，多不和谐，不是吗？

那么，到底该怎么判断呢？

二

1776年，美国出版了一本叫《常识》的书，它被称为"改变美国的20

部书"之一。书中讲了许多在今天的我们已经是常识，却在当时未必是"常识"的知识与观点。

2009年1月，香港知识人梁文道又出了一本《常识》，讲的是在今天本应是常识，却一直未成为"共识"的知识与观点。

2009年7月，共识网正式上线，以"在大变革时代寻找共识"为宗旨，关注点覆盖政治、历史、思想、文化、经济等领域。

常识，共识，越来越成为人们重要的关注点。

为什么？

因为今天的人类社会已经是一个普遍联系的协作体系，而要协作，认可常识、建立共识是前提和基础。

三

有些常识人所共知，比如从小，家长、老师就教育我们，要做好事，不做坏事。

当我们有了孩子，我们也教育他们，要做好事，不做坏事。

教育一代又一代的人做好事，不做坏事。

做好事，不做坏事，这就是常识，也是共识。

可是，常识就一定要遵守吗？共识就一定要按照去做吗？

这一点，却从来就不是常识，也没有达成共识。

今天的社会是法治社会，一切都讲究依法依规。协调人际关系三个维度的排序也从传统社会的"情理法"变成了"法理情"。

法的位置，从最后挪到最前，首位。

现在，我们需要根据法律规定来分辨，哪些事必须做，哪些事不能做。这是常识，也应该是共识。

比如应该依法纳税，不该偷税漏税；应该公平买卖，不能强买强卖；应该乘车买票不该逃票，这些可以说已经是常识，也基本形成了共识。

四

然而不是所有事情都如此。

比如上面提到的主动让座，就没有法律规定必须做或禁止做。

你说不对啊，全社会不都在提倡主动给老弱病残孕让座吗？

这就涉及了法律之外的另一个维度——道德。

道德与法律都是人类的行为规范，却不是一个范畴。法律规定必须做什么，禁止做什么；而道德则是提倡做什么，建议不做什么。

法律是底线，道德是高线，人的行为只要不破底线，就不会受到法律的惩罚；人的行为越接近高线，则越受到赞扬与鼓励。

法律与道德，就像体育器材中的高低杠，而人的活动范围，就在这两个杠之间。

破了底线的人，就是大众所谓的坏人；努力接近高线的人，也就是大众所尊崇的好人。

这里需要强调一下反面，不做坏人是对的，受鼓励的，是法律的目的；不做好人却不见得是错的，也不会受到惩罚，虽然这违反道德。因为不做好人不等于就是坏人，拒绝道德高标不是做坏事，只是不肯做更好的事而已。

法律有强制性，道德没有强制性。这个是常识，这也应该是共识，可惜，在很多事情上，不仅共识达不到，常识亦未能普及。

五

比如这件旧闻：2016年5月3日中午，四川八旬老人李某乘动车去华西医院看病，因节后人多只买到达州到营山的座位，后借坐邻座。

到南充后，被刚上车的美女大学生"请"起来，老人女儿恳请能否挤一挤被拒。大约5分钟后，一中年男子将老人让到自己位置。老人女儿说："年轻人啊，应该多学学。"结果遭到美女反击，"坐自己位置错了吗？！"

这件事前一阵子大家热炒过，今年放这里正好能说明白问题：让座不让座，都属于道德范畴，没有对与错，只有好与不好。

让座，就属于道德提倡的行为，是"做好人"；而不让座，则属于道德不提倡的部分，是"不做好人"。前面已经说过，"不做好人"不见得是错的，也不会受到惩罚。

所以，坐自己的位置没有错，不让座也没有错。美女大学生只是拒绝了道德提倡的行为，她的行为只是没有更好，却不是坏。

法律负责界定好与坏，道德负责区别好与不好，这是常识，也应该成为共识。

努力学习常识，是每个人该做的事；努力让常识成为共识，是全社会该做的事。

"一人做事一人当"是现代文明

一

我陪孩子住院,病房热,就到走廊里看电子书,旁边一个老太太和一个中年妇女聊天,挺有意思。

老太太向中年妇女抱怨自己儿子在家里太熊,被儿媳欺负,他心疼儿子,就来帮儿子,同时教儿子如何对付儿媳。

孙子病了住院,亲家母也来了,"我们两个针尖对麦芒,我不惯着她,三天两头找碴儿打一架,我从来没输过。"

老太太直着脖子,说得口沫横飞,一声高过一声。

老太太的话让我想起了一些往事。

二

小时候在县城,常常遇到这样的事儿。

炊烟袅袅的傍晚,孩子们都在胡同里玩儿。嬉闹中,一个把另一个推倒了,吃了亏的,哭着跑回家。

家长出来,带着抹泪的孩子找上门去。这边孩子不认错,家长不道歉,两家大人吵了起来。

正吵着,低头时发现,两个孩子又玩起了过家家。

就有邻居劝说,孩子们的事,转身即忘,大人又何必那么认真呢?

于是,两家大人讪讪地结束了战斗。找上门来的磨不过面子,硬拉着孩子回家,"他欺负人,咱不跟他玩儿。"

结果孩子很不争气,梗着脖子:"你回去吧,我就跟他玩儿。"

家长更磨不开面子,照孩子屁股上踹两脚,扯着一只耳朵强扭回家去,留下孩子的一路哭声和邻居们一阵笑声在晚风中飘。

三

老人到小夫妻家干涉内政,大人介入到孩子们的游戏中来,这在以前是每天都在发生的日常图景。

小夫妻不会过日子，老人亲临指导，天经地义；小孩子没有是非观，往往恃强凌弱，家长出面自是理所应当。没有人觉得有什么不对，有什么不好。

可是到了现代文明社会，引入了个人、自我、独立的概念，我们就会明白，这是越界，越过了社交边界。

老人的行为干涉了青年人独立的个人生活，干扰了青年人承担家庭责任、社会责任。

四

西方国家，极少有成年的孩子与长辈在一起生活。

这不是老人喜欢清静或年轻人讨厌唠叨，而是他们把这种掺到一起的生活视为个人的社交边界被侵犯。

这是一种双方都不能够容忍的事情。

甚至小夫妻闹了矛盾，离了婚，更多的也是去找好友或闺密诉说，不会哭着跑回娘家。他们认为那是自己的事，不需要上一辈掺和；而上一辈也认为那是成年的孩子自己的事，长辈不该掺和。

过去，我们认为中国跟西方的这种不同是两种文化的不同，现在，我们应该明白，这不是文化的不同，是文化的先进与落后。随着人类文明进入到现代文明社会，中国传统的文化必须随之进步。

五

过去的中国，是家族负责制，一人出了问题，株连九族；而现代文明社会，则是个人负责制，所谓一人做事一人当，天大的错误，不及家小。

一人做事一人当，这句话历史很悠久，但真正落到实处，却是在现代文明社会。责任承担的变化，是现代文明社会与中国传统社会最本质的区别。

过去的家族，晚辈一切都在老人、长辈的管理之下，没有任何的边界可以说。只要老人想管，从上什么学当什么官，到穿什么衣服做什么饭，老人都是权威。

年轻人则"父母呼，应勿缓，父母命，应勿懒"，一辈子做长辈的应声虫、跟屁虫。

现代文明社会，则有法律明文规定保障成年人的权力。中国《民法通则》规定：18周岁以上的公民是成年人，具有完全民事行为能力，可以独立进行民事活动，是完全民事行为能力人。

他有能力决定自己的行为，为自己的行为负责。他的行为，长辈不该干涉、不能干涉。因为为最终后果负责的人，是他自己。

比如连杀四个同学的马加爵，最终的判决也仅是他自己以一命抵四命，不牵扯其他人。

不能为他的行为担责，你凭什么替他做主？

六

有人说，老杜，你前边提到了幼小的孩子，难道他们的行为家长也不能干涉吗？

当然是可以干涉的，他们还没有长大，还不能为自己的行为负责。

但是这干涉也有个方式方法问题，家长应该做的不是亲自去帮孩子讨回公道，而是要告诉孩子如何去与其他人相处，如何处理人际矛盾。

教他方法，不是代他处理。

记得很久以前听过一个关于希特勒的故事。

希特勒小时候在外面被欺负，哭着回到家。他父亲说，你必须赢回来，不管用什么办法。于是希特勒拿个有尖的石头躲在那个打他的孩子家附近，背后下手把那个孩子打倒。

现在我怀疑这是谣传希特勒的故事。但是，即使是编的，这个故事也是出自西方人手笔，他父亲对他的管教是西方式的。如果我们编，他父亲一定会亲自打上门去。

现代社会是"自由人的自由联合"

一

中国今天的社会正在剧烈的变化中，出现了很多让人难以理解的现象。

一方面，我们可以在一个装修现代、豪华气派、使用着各种智能电器的门店里看到一个个财神塑像，神台前香烟缭绕。

另一方面，我们又发现身边的亲人熟人越来越多地走进各种宗教信仰场所，甚至会在一个不大的聚会场合里，同时出现佛教、藏传佛教、基督教的信徒，他们坦然地谈论着自己的信仰，交流着各自的心得。

光怪陆离，这是老杜对这种种社会现象一个总体的印象。

而作为一个文化人或读书人，老杜力求通过自己的学习与思考弄明白这林林总总背后的原因，找到这光怪陆离的社会现象的源头。

二

在这样持续的思考中，我找到了一个词——责任，我以为，对责任的承担方式，是人类文化或文明演进的标志。

比如最早的母系氏族社会。

这里我们需要科普一个概念——社会：社会就是由许多个体汇集而成的有组织有规则或纪律的相互合作的生存关系的群体。

根据这个定义，当人类进入由男人出去耕种、打猎，女人在家看家带孩子的时代，人类才算组成了社会。这个社会最早的组成形式，是以女性为核心的，所以叫母系氏族社会。

在这样的社会里，男人的分工是耕种与打猎，而打猎是充满风险的一项工作。在打猎的过程中，男人必须全神贯注，无暇照顾亲人、孩子、财产（这一切的总称应该是"家"，可是那个时候，这个"家"是不稳定的），所以为亲人、孩子、财产负责任的，是女人。

在所有的时代，男人都是孔武有力的。但在社会分工上，当人类刚刚出现分工，组成社会，女人更适合成为稳定的责任承担者。

三

后来，当人类繁衍进步到一定程度，社会责任就不仅仅是照顾亲人、孩子与简单的财产，还包括与其他族群的关系（合作、战争、生存区域划分等），而且族群内部的关系也日趋复杂。这个时候，女人已经无法称职地负起这样的责任，于是人类社会进入父系氏族社会。

无法称职地负起整个家族生存发展的责任，是老祖母退位的最重要原因。

再后来，通过征伐兼并，人类社会依次进入方国时代、封建时代、帝国时代。人类社会的基本生存细胞，由族群缩小为家族，并向独立家庭进步。但直到帝制终结，也就是1912年以后，这个过程才最终完成。

这个过程完成的标志,就是随着帝制终结而终结的族诛连坐制度。

所谓族诛连坐,就是一人犯罪,整个家族都要承担责任。这个制度的终极刑罚,是我们常说的诛九族。

最典型的例子,是明朝反对朱棣篡位称帝的方孝孺,他被诛了十族。除了亲族之外,他的老师也被灭门,老师都要为自己的教育失当承担责任。

四

族诛连坐更多的是整个家族被查抄、充军、流徙、贬入贱籍(为奴为妓)。

最广为人知的连坐是文艺作品《红楼梦》中的贾府,一旦失势被抄家,走死逃亡,发配充军,"忽喇喇似大厦倾,昏惨惨似灯将尽,一场欢喜忽悲辛",最终落得个"一片白茫茫大地真干净"。

这就是用法律标示的责任承担方式。它所对应的社会细胞是家族,不是家庭,更不是个人。

在那个时代,一个人的排行,都不仅仅是排在自己家的兄弟姐妹中,而是整个家族一起混排,王十八、刘十九这些称呼,就是这么来的。

这一切都在告诉我们,那时代的孩子,虽然是各生各养,但却是整个家族的一分子,不是生身父母的私产。

不仅法律把人与家族锁定,当时的社会生产力发展水平也不能够完全支持个体家庭的独立生存。

五

现代中国从帝制终结开始,到现在已经100多年。

这期间,由于法律解除了对个人与家族之间的锁定,更由于生产力的发展,使社会的基本细胞由家族进化为家庭,并稳定下来。1978年以后,随着商业社会的形成,个人已经可以独立地立世生存,其承担责任的方式也被法律固定下来。

中国《民法通则》规定:18周岁以上的公民是成年人,具有完全民事行为能力,可以独立进行民事活动,是完全民事行为能力人。

比如2015年年底的网红——杀人保姆何天带,没念完中学就出去打工了,近三十年时间一人在外。没有家庭,很少与亲人联系,近八九年她只回家过三次,母亲也不知道她在哪里工作、究竟做什么工作,更加不知道她的电话号码。

她一个人独立生存，独立面对社会，承担责任，亲人、家庭，对她都不是必需的。

反过来，既然她的存在对家族、家庭没有威胁，亲人们也就可以对她的生存状态不闻不问，就像何天带妈妈说的"我当她死掉了"。

六

当一个人可以独立生存，独立面对一切，为自己的行为承担责任——也就是一人做事一人当——他的处境就是一与一切的关系。他必须独立面对一切，作出选择并承担责任。

这样的社会，已经具备了"自由人的自由联合"的基础。现代社会的最终指向，就是以"自由人的自由联合"为组成形式的社会。

在这样的社会里，每个人都要面对繁复的社会问题独立作出决定并采取行动。当然，很多人会选择与其他人联合起来，形成各种社会组织来互相帮助。但这种社会组织也是自愿组成，不是像皇帝时代的家族、族群那样，是被法律锁定，或是受社会生存环境压迫所致。

这一点，我们今天的法律已经确定，社会经济发展已经足够支撑。但具体到个人、社会文化及社会关系，还没有得到足够程度的认识。

一个合格现代人应该知道的

一

东北农村，初冬的傍晚，一辆停在院外路边的农用四轮车发动机轰轰地响着，一个老年农民提着柴油桶从院里出来，打开油箱盖，往油箱里加油。天已经黑了，车的另一侧，儿媳妇拿着手电筒给公公照亮。

院子里，灯光从贴着马赛克的砖房大玻璃窗里照出来，把半个院子照得明亮。

这是一幅北方农家的幸福图画，透着一股温暖的、宁静的美。

突然，一个火球从正在加油的农用四轮车上跳了出来，拿着手电的儿媳，瞬间变成火人……

这个不幸的儿媳叫张凤，头脸等部位三度烧伤，应该植皮，预计治疗费100万元。

天价的治疗费用压垮了这一家人。

然而，记者采访时发现，张凤竟然连医疗保险都没有。

二

这是《大庆日报》2014年11月19日的一篇报道。

这一年，我的同事们作了一些扶贫济困的报道，上引张凤的报道仅仅是其中的一篇。通过这些报道，我们发现一个问题：现在还有一些人没有医疗保险。

这就是件奇怪的事情了。现在，在职职工有城镇职工医疗保险，城镇未成年人和没有工作的居民有城镇居民医疗保险，农民有新型农村合作医疗保险。这些基本上就把所有人群覆盖了，为什么还有人没有医保呢？

以张凤为例。记者采访时了解到，张凤是齐齐哈尔的农民，因为在外打工，集体办新农合医保没有赶上，后来自己也没当回事儿。结果烧伤之后，四天时间就花了70000多元，这个农村家庭马上就承担不起了。

张凤不是个别现象，还有一些与张凤类似的人没有办理任何形式的医疗保险。

三

因为注意到这个现象，老杜对自己周围的人作了个小调查，发现真的竟然有两个人没有任何形式的保险，包括医疗保险。

一个是常年在外经商的人，一个是常年在外打工的人。他们都已经多年没有回过户籍所在地，又不隶属于任何社会组织，自己又没有在意，所以，保险的事都耽搁了。

好了，现在我们可以描述一下这些没有办理保险的人的大致特点：

他们大都是在外谋生的人，长期不在自己户口所在的行政区（社区或村屯），错过了集体办理的机会；又往往不在一个规范的组织内部（如果在一个规范的企业里打工，也会有五险一金，这五险里就有医保）；自己又没当回事，就耽搁了。

耽搁了，忘了，没当回事……总之，这个人人都应该享受的社会福利，因他们自己的原因而错过，一旦大病来袭，他们和他们的亲人们就不得不背负不该背负的债务，承担不该承担的压力。

四

现在，社会已经发生了很大的变化，已经能够为这个社会中的个体提供比如社会保障、社会福利、社会服务等很多方面的照顾。

但是，作为这些制度照顾下的一些个体，却没有意识到这保障、福利、服务的重要性，没有主动参与进去。结果，被隔离在整个社会大系统的保障、福利、服务之外。

必须强调的一点是，这一切，都是因为他们自己的原因造成的。

再举一个小例子。

比如买药，一些最基本的药物，现在在哪里买才最便宜，你知道吗？

最便宜的是公立医院办的社区医院，它们是零加价率；其次是药店，它们受市场经济支配，为了扩大销量，在和大的公立、私立医院比价的过程中会适度让利；最贵的是大型公立或私立医院，因为它们有医生诊疗这个前端服务引导，会把很大一部分门诊患者转化为医疗服务和药品的现实消费者。在这里，医生一定程度上相当于导购。

还有，社区医院还针对60岁以上的老年人提供免费的量血压等多项服务，还会有定期不定期的免费的大病筛查，这些，如果你留意，都是可以享受到的社会福利。

五

"做一个合格的现代人"是老杜提出的一个命题。它不仅关乎农民工、打工者等弱势群体，更包括我、包括你、包括我们所有的人。

一个农民工，被拖欠了工资，虽然我们有劳动仲裁、法院等维权机构，他却不知道去依法维权，只想着找机会把包工头揍一顿。这是不懂社会运行规则。

一个机关干部，遭遇到不合格的物业服务，除了拒绝缴费，他不懂该从哪里开始维权。这也是不懂社会运行规则。

一个合格的现代人，要知道自己的权利，自己的义务，要了解社会的运作方式，要遵守社会运行的规则。

比如，为自己办理医疗保险，就是每个人都享有的权利，到社区医院买便宜的药品也是我们享有的权利；而遵守交通规则等各项社会运行规则则是我们应尽的义务……

只有这样，你才是一个合格的现代社会的文明人，你才能够享受到现代文明进步带来的福利，使自己更有机会过上幸福的生活。

你可以没单位，但不能没组织

一

2016年4月21日，北京朝阳区大黄庄一居民家中起火，屋内一位78岁独居老人不幸身亡。消防方面称，经初步调查，系屋内储物间杂物起火，起火原因正在调查中。

这是一位独居老人的悲剧。

看到这则悲剧，又让我想起了我所生活的城市里一位独居老人的悲剧，这个老人死在家里几个月后才被发现。

其实不止独居老人，老杜还曾经听朋友讲到，一位独居的年轻人死在出租屋里十几天，房主来收房租时才发现。

他们为什么会这样？是什么原因导致了这些悲剧的发生？

二

20世纪90年代以前，大学生毕业，政府是给分配工作的；结婚，还要单位给开介绍信。

老杜刚开始工作的时候，单位给分房，还有浴池。比老杜更早的时代，据说单位还发过理发票。总之，那时人们生活的一切都由单位提供，大到住房，小到个人清理卫生。

所以，那个时代的人们离不开单位。不仅经济、生活离不开单位，精神世界也是一样。老杜的朋友、玩伴儿主要都是同事，老杜上班与同事一起工作，下班与同事一起打麻将。

在那个时候，一个人如果失去单位，不是仅仅失去一份工作，几乎等于失去一切。

那时你一天不出现在单位都会有人找你，把电话打到你家、你亲戚家、你邻居家、你居委会，甚至可能派人来你家找。所以，即使独居，死在家里几天、十几天、几十天不被发现的情况也不可能发生。

三

现在不一样了，单位这个词仅对公务员和事业单位工作者存在。对于更多的上班族来说，他们有的不是单位，而是一份工作，一个岗位。比如，一个私营饭店的厨师永远不会说"我们单位……"，只会说"我们店……"。

这种工作、这种岗位只提供一份工资，其他的都不管。而且，即使是有单位的人，工资以外的福利也在减少。

单位不再提供那么多的东西，人们也就不再像过去那样依附于单位。

现在，单位不提供的东西都由社会来提供，人们只需支付金钱去购买就可以。

说白了，今天的社会，有钱就可以生活，单位不再是人们生活的必需品了。

四

而钱从哪儿来也跟过去不一样了。

老杜年轻的时代，或再往前的时代，钱都是挣来的。人们只有上班工作，才能挣到钱，而工作，就得有单位。

现在不一样了，很多人的钱都不是上班挣来的了，或者严谨地说，不是自己当下上班挣来的。

比如继承遗产，比如啃老，那是上辈挣来的钱；比如当包租公，那是经营挣来的钱；比如全职太太，那是老公挣来的钱……

这些人有钱生活，却失去了单位。如果他们不肯主动与社会发生联系，那么，他们就跟山中闭关的道士没有什么区别了——就像上面提到的那两位老人，过着与世隔绝的生活——虽然他们身边到处都能看到人。

五

2010年1月31日，日本NHK（日本放送协会，相当于日本的CCTV）播放了纪录片《无缘社会——无缘死的冲击》，描述的是当今日本正在步入无缘社会的现状。

许多日本人，一没朋友，"无社缘"；二和家庭关系疏离甚至崩坏，"无血缘"；三则与家乡关系隔离断绝，"无地缘"。

他们有经济来源，独自生活，却与社会失去联系。

现在，"无缘社会"已经成为一个专有名词，用来描述像本文开头提到的那两位独居老人一样的"无缘"人群。

六

随着社会的发展、科技的进步，人们的生活状态从族群居、家族居，到大家庭，到小家庭，到个体独立，也就是现在社会的状态。

在今天的社会，任何一个男人和女人，都可以独立生活在任何一个角落里，不管是大都会的公寓，还是小县城的出租屋，甚至农村。

人们独立了，也孤独了。失去了对合作的依赖，对他人的依赖，也在一定程度上失去了与他人联系的机会。这就是现代人孤立、孤独，与社会失去联系的重要外部因素。

经济的独立可喜，精神的孤独堪忧。

七

那么，失去了单位，面临"无缘"的现代人怎么办？如何让精神不孤独？如何找到精神的寄托？

答案正如本节标题所说，你可以没有单位，却不能没有组织。

失去了单位的你，可以去找组织。

这里要申明两点，第一，我不是在开玩笑，第二，这组织不是电视剧里面的"地下党"。

被标签为公共知识分子的熊培云有本著名的书叫《重新发现社会》，这本书告诉我们，社会学将社会组织分成三大类，即政治组织、经济组织与社会组织。

电视剧里的"地下党"，是典型的政治组织；现在社会上的各类企业，是典型的经济组织；我们过去的单位，可以说是全能组织，既是政治组织，又是经济组织与社会组织。

那么，什么是社会组织呢？

八

2014年夏天，老杜得到一份共青团大庆市委的《大庆青年自组织调查报告》。这个报告中说："目前，全市共有各类青年自组织26000余家，团市委掌握的青年自组织大概有500家，参与人数约为10万人……这些青年组织'自发成立、自主发展、自我运作'，大庆团市委在对其进行调研时将之称为'青年自组织'。"

这些自组织，就是典型的社会组织。

报告还说："这些青年组织依托网络聚会交友、践行公益、参与社会事务，活动充满创意，组织日益壮大。"

那么，这些社会组织叫什么名字？是什么样子？

报告中有具体分类：

一是兴趣爱好型，如羽毛球俱乐部、社区篮球队、百湖男女QQ群、户外活动小组、轮滑协会等；

二是社会公益型，如大庆义工联盟、爱心传递等；

三是经济链条型，如大庆吧论坛、大庆网论坛、不差钱易物网等；

四是学生社团型，如市内各高校有学生社团300余个；

五是基于青年共同的经历或共同的生长环境而组成的小规模组织，如一些同学会、老乡会等。

九

大庆团市委这个报告告诉我们，这些社会组织是或以兴趣为纽带，或以同乡同学为号召，或以爱心为旗帜，聚在一起，"自发成立、自主发展、自我运作"，它们活动在社会上，凝聚了数以十万计的人们。

这些仅仅是大庆青年人中的社会组织。而老年人中也有很多这样的社会组织，如大庆乘风社区著名的爱心大姐工作室，如威风锣鼓队，如各个社区的老年舞蹈团，甚至还有大妈广场舞蹈队等。

我建议你去寻找的，就是这样的社会组织。

根据自己的兴趣爱好，找到相应的社会组织，融入其中，参与运作，从中找到有共同爱好的朋友，找到开心快乐的方式，找到自我实现的渠道，从而过上幸福的生活。

单位功能缩减，社会组织丰富多彩，这就是现代社会与传统社会不同的地方，是新规则、新常态。

了解这个新规则、新常态，适应这个新规则、新常态，不止是青年人的事、老年人的事，更是我们所有现代人该做的事。

球迷骚乱、主办方下跪与契约精神

一

美国球员艾弗森和他的"2015中国行"麻烦不断：首先是5月19日的大庆站没能如期举行，先延期后取消；然后是哈尔滨站以身体有恙为由没有上场打球，引发当地球迷不满；接着西安站因"比赛存在安全隐患"被叫停，引发轩然大波；后来泉州站上场仅3分钟，一分未得草草收场；再后来是5月29日合肥站因拒绝上场引发球迷骚乱、主办方下跪……

艾弗森是谁？此前，老杜不知道。因有朋友在操作与艾弗森中国行有关活动，老杜也仅仅从朋友口中知道这个名字，具体他有什么光彩或不光彩的事，现在老杜也不知道。

所以，老杜不是艾弗森的粉丝，也不想对此人作过多的了解，只想以此事为例，谈一谈现代社会的运行规则。

二

2015年5月29日晚，备受关注的艾弗森"2015中国行"合肥站剧情可谓跌宕起伏。

先是艾弗森方负责人声明艾弗森不登场比赛，引发现场骚动，部分观众开始高呼艾弗森方的发言人为"骗子"，并大喊退票；接着艾弗森入场，用了超过10分钟的时间绕场一周，并与场边观众握手互动，现场观众的情绪从愤怒中逐渐平息，并开始欢呼；随后，艾弗森中国行合肥站主办方合肥蓝奥体育文化传播有限公司总经理孙亮上场，在场地中央向全场球迷下跪道歉，请求原谅，孙亮称艾弗森并没有违约行为；最后艾弗森在中场休息时现场表演了罚球线投篮和场外超长距离投篮，引得现场观众欢呼，他还将自己签名的球鞋投向观众席，引发球迷争抢。

报道最后说，现场知情人士称，合肥站艾弗森之所以不登场比赛，主要是由于与艾弗森"2015中国行"活动承办方天津启迪体育文化传媒公司存在合同上的问题，只能以带队身份亮相，不能上场比赛。

大段的征引新闻报道，不是老杜的风格，但是，现在老杜却不得不如此，因为这一切是老杜后面讨论的基础，如果朋友们不知道赛场上发生了什么，也就很难理解老杜后面的观点。

三

2014年，罗辑思维的主持人罗振宇出席一个活动，要发表20分钟的演说。他上台后的第一件事，就是问台下有没有罗辑思维的会员，然后向台下的会员们深鞠一躬，"向我的衣食父母问好！"之后，才开始演讲。

罗振宇的行为不无作秀的性质，但却也说明粉丝（会员）在名人心中的重要性。

没有哪个明星会主动得罪自己的粉丝。

艾弗森也一样。

那么，为什么艾弗森会做出拒绝上场这样得罪粉丝的行为呢？

我们要对整个活动作一个剖析。

首先，这是一场以艾弗森为由头或噱头的商业活动，由多个公司合作进行，互相之间以合同或契约的形式明确责权。而艾弗森本人则属于其中一家公司。至少从报道中我们能分析出几个环节：

A公司（艾弗森隶属）；

B公司（艾弗森"2015中国行"活动承办方天津启迪体育文化传媒公司）；

C公司（合肥站主办方合肥蓝奥体育文化传播有限公司）。

因为这一切都是商业行为，艾弗森在场上干什么不干什么，都受几个公司之间的合同约束，不是他自己说了算。

四

但是，对于场上的观众来说却不是这样。

虽然场上是两个球队比赛，但他们买票却是来看艾弗森打球。或者反过来说，因为主办方宣传是艾弗森来打球，他们才买票。

这是一个当下社会中实际存在的矛盾，观众要看明星，明星却身不由己。

受契约约束的明星，干什么不干什么自己说了不算；而花了钱的观众，只想见明星。如果明星与组织方合同正常有效，或者组织活动的各公司之间各履其职，那么，观众花钱买票看了明星，明星收钱做了表演，公司经营获得了利润，大家皆大欢喜。

可是，从新华社记者的报道中我们看出，A与B两公司之间"存在合同上的问题"。

一个环节出了问题，其他部分就都麻烦了。

五

因为A公司与B公司之间"存在合同上的问题"，所以，艾弗森必须服从A公司的决定，不能上场打球。

但艾弗森不上场就等于C公司虚假宣传及违约（他们卖票时是宣传艾弗森上场的），所以球迷不满而发生骚乱及要求退票，于是C公司的负责人场上下跪，并澄清艾弗森没有违约。

但是，观众买票不是来看下跪的，观众并不买账。

这是一个两难之局，骚乱的球迷只想看艾弗森打球，而艾弗森却因合同问题不能上场打球，而且，艾弗森肯定也不想得罪球迷。

艾弗森该怎么办？

其实在中国的演艺市场上，很多明星们都曾经面临这种困境。

因为中国的演艺市场不规范，一些无良的演出承办公司就以欺骗的方式把明星诓来，跟明星说是仅仅站个台，打个招呼，拍个照就走。

可是当明星真到了才发现，现场观众是来看表演的。如果明星不演，就会得罪粉丝；如果明星表演，则属义务奉献，自己与所属公司均得不到该得的收入（在中国，明星与自己的公司违约大家多能谅解）。甚至有的地方还以黑社会的手段绑架明星，限制其人身自由。

歌星郭峰等人就曾经被某无良经纪人骗到美国演出，因拒绝做免费表演而被抛在美国街头。

六

在合肥，老杜看到了艾弗森善意的努力。

首先，他在比赛开始前绕场一周与球迷互动，平息了球迷的怒火与骚乱；

然后他又在中场休息时上场表演，再一次安抚球迷们的情绪。他甚至把自己的一双球鞋（更高雅的说法叫战靴）签了名扔向球迷……

而他做的这一切，都不违反他与 A 公司或 B 公司之间的契约，他自始至终都没有上场比赛。

合肥的球迷们虽然没有看到艾弗森的比赛，却看到了他的表演，总算一场风波平稳度过，合肥站勉强收场。

老杜个人以为，艾弗森是尽了力的。

然而，艾弗森的困境却往往不被理解，他被说成是骗子；面临这种困境的歌星们常常被冠以耍大牌或"唯钱是图"。其实他们都是一场正常的商业经营活动中的组成部分，也就是一个棋局中的棋子而已。虽然他可能是"将"，可能是"王"，也仅仅在重要性上与其他棋子有差别，不影响其棋子的性质。

他们的不唱、不上场不是不能，而是不该。

是公司行为，不是个人行为。

七

中国正走在通往经济社会、法制社会的路上，理论上，无论是个人还是团体，其行为都必须在契约与法制的框架内进行。

所以，当我们遇到一个问题或矛盾的时候，首先应该从契约的角度、法制的角度思考、分析、评价其是非对错，而不是简单地冠以"耍大牌""骗子"或者"米国鬼子来中国骗钱"之类的说法。

这样，不仅我们永远没有机会弄清楚事情的真相，反倒给一些无良的经济人或经纪公司以可乘之机，而且还可能干出"抵制日货却砸同胞汽车"一样的蠢事。

谁让"老流氓"肆无忌惮

一

2015 年 7 月 11 日上午 10 时许，北方城市哈尔滨。

一位约70岁的老人上车后,瞄上了位于后车门前侧座位上的一位女孩,于是挤到座位旁骂女孩,要求女孩为其让座。

女孩当时正在低头玩手机,听到骂声后随即起身,说:"没看见你在边上啊,但没有这么要座的,还骂人。"老人听后暴怒,随即给了女孩一耳光。

之后,老人还要动手,乘客将老人与女孩拉开。

二

事情到此为止。

如果不是有人向记者报料,这个事件就等于没发生,这个耳光就等于没扇过,这个女孩就白挨打了,这个"老流氓"我们也就没有机会见识了。

事实上,这样的"老流氓"在中国已经不是个案,无论是新闻上,还是老杜生活的城市里,老人施暴、老人耍赖、老人撒泼的事可谓一桩接一桩:

2011年8月4日晚,一位60多岁男子在北京东城美术馆路口一辆公交车上持刀闹事;

2013年5月22日,天津一位83岁老人因要求中途下车遭到拒绝,就暴怒拉扯司机,致公交车失控,造成9车相撞的重大交通事故;

2014年9月9日下午,浙江温州一位70多岁老伯因公交车过站未停,就用石头砸碎公交车车窗;

还有往公交车上扔土手榴弹的,在公交车上撒尿的……

"老流氓"的表演,也是异彩纷呈。

三

回过头来,让我们从法律的角度分析一下哈尔滨这起"耳光事件"。

简单地说,是老人因为女孩不主动让座打了她一个耳光;但是如果用规范的法律语言来讲述"耳光事件",就是"有人在公共场所对他人实施暴力,并对他人身体造成了伤害"。

这样的事情,不该报警吗?为什么没人报警?

目击者不报警,公交司机不报警,被打者居然也不报警,为什么?

这才是这件事最有问题的地方。

报警,警察敢抓吗?都那么大岁数了,你能拿他怎么办?

他在里头犯病了,警察还得给他治病,万一死里头,警察还摊上事儿了。

这是一个朋友的说法。

四

真的没办法吗？警察真的惹不起这些"老流氓"吗？

的确，老人的身体是衰弱的，老人的生命是脆弱的。

这也是我们敬老爱幼的一个重要原因，因为他们是弱者。

可是，这弱者怎么反倒成了施暴者，原本和蔼可亲的老爷爷怎么成了"老流氓"了？

几年前，老杜因为一个老人的无赖行为，写过一篇小文叫《老人凶猛》。其实老人不是猛虎，老人施暴，倚仗的不是强悍，恰恰是脆弱。

有成语叫恃强凌弱，意思是依仗强大，欺侮弱小。可是老人们却恰恰相反，身体的衰弱、生命的脆弱，正好成了他们可以依仗的东西，于是，"老流氓"便以一种"碰瓷儿"的心态，恃弱凌强。

五

有朋友给老杜留言，说为什么被老人强索座位的都是女孩子，为什么他们不敢找小伙子去强索座位？朋友的意思是"老流氓"只欺负弱者。

其实朋友错了，"老流氓"不分强弱，一律欺负。

2014年9月9日下午，河南郑州，也是公交车上，一个老人因为强索座位与一小伙儿争执，老人怒扇小伙儿四个耳光，结果，由于情绪过于激动，在车上猝死。

人们为其衰弱、脆弱而让步，他们却因此得寸进尺。

结果，他把自己折腾死了。

六

当这弱者成了施暴者，当老爷爷变成了"老流氓"，他们会受到什么样的惩罚？

让我们看看上面的这些"老流氓"们的"下场"。

比如，前面造成9车相撞严重事故的老人，他的行为造成9车相撞，多人受伤，危及公共安全，如此严重的后果，该怎么处理他呢？

据央视报道，此案的结果竟然是"相关部门对老人进行了批评教育"。

处理竟如此的和风细雨，你能想到吗？

太意外、太不可思议了吧？

七

再说一个北京的案例。

2001年2月至2009年9月间,孙万祥先后在多处路口的人行横道内,利用自行车故意碰撞机动车后假意摔倒,骗取被害人邹某等138人人民币共计12万元。

2010年12月7日,在北京房山一家养老院,孙万祥被东城区法院判处有期徒刑7年,鉴于其身体状况,法院决定对其监外执行。

9年时间骗了138人,这老人就是职业"碰瓷儿"的,结果得到的判处竟然是监外执行。

为恶不受惩罚,结果是什么?

当然是继续为恶,加倍为恶。

再往下看,因为不受惩罚,这个"孙万祥在身体不便之后,伙同邻居李建军,由李建军驾驶电动三轮车将其送至交道口、雍和宫等地区的十字路口处,通过'碰瓷儿'骗取被害人朱某等18人人民币共计9840元。事后两人分赃"。

怎么样?人家都生命不息,"碰瓷儿"不止了!

八

如此处理,想让老人不流氓都难。

到这里,我们终于发现,原来"老流氓"是惯出来的。

姑息足以养奸,放纵老人为恶,就会惯出"老流氓"。

因为老人在公共场所的恶行,曾经在社会上引发"是老人变坏了,还是坏人变老了"的议论。不管怎样,如果坏人的恶行受到应有的惩罚,其本人也会畏惧法律,收敛恶行。

而对"老流氓"的一次次姑息,则会使社会上的一些老人更加横行不法。

中国正在走向现代文明。中国在某些方面、在一定程度上已经很现代化。

但是,在立法、执法、守法、用法方面,我们距离现代文明还有好长一段距离。

也因为我们社会整体关于法的方方面面的不足,客观上阻碍了中国社会现代化的进程。

九

现代文明的一个重要特征是法制社会,没有一块地方是法外之地,没有一个人群是法外之民。

官二代、富二代不行,老人也不行。

将流氓绳之以法,也应包括"老流氓"。不如此,就会像一个充满爱心的城市一定是一个满街乞丐的城市一样,对"老流氓"的姑息只会让更多的老人成为"老流氓"。

受到"老流氓"侵害的人要报警,这不仅是要用法律保护自己,更是要让"老流氓"受到法律的惩处;而我们的执法者,更不要以对方是老人为由减轻处罚或不处罚。

正义必须伸张,违法必须受到惩处,这就是文明社会、法制社会必须坚守的底线,不能突破的底线。

恃弱凌强是绑架道德、践踏法律

一

都市的街头就像演武场,总是有各种各样的武戏上演。

2015年7月22日,江苏南京江北路上两名女子开奔驰车逆行,遭交警罚款。一名女子恼羞成怒,一把推倒交警,还趴在交警身上,想抢回自己的驾照,交警裤子被撕破。

武戏的主角是女子,被攻击的居然是男交警。

女子攻击男子,市民攻击警察,典型的柔弱胜刚强的戏码儿,这女子何以如此生猛?

往下看,女子用的不是什么有来历的功夫,倒是妇人街头撒泼的手段——推倒、扑上、撕裤子、扯衣服、薅头发之类。

这就更奇怪了,这么没来历的功夫,也敢往警察身上使?

二

不开玩笑，老杜顺手在网上搜，发现"敢动"警察的女子还不少，女子骑被盗电动车违章当街撒泼辱骂交警，醉酒女子当街撒泼被带回警局醒酒，女子闯红灯被拦当街撒泼脱鞋抽打交警……

又一个恃弱凌强的群体——撒泼女子群体闪亮登场。

讨论老人耍流氓的时候，老杜就说过恃弱凌强这个概念。这是一个反常理的概念，却被"老流氓"们长期奉行，而且屡试不爽，现在，当我们把目光转向这一群当街撒泼的女子时，发现这也是她们奉行的理念。

三

为什么会这样？

如果像一些人说的那样，中国法制不健全，很多人都奉行丛林法则。

可是丛林法则不是恃强凌弱吗？怎么到了这里，倒成了恃弱凌强呢？

如果像另一些人说的那样，中国已经是法制社会，那么怎么还会出现老人公交撒泼殴打女孩，妇女当街撒泼攻击警察？

这个问题老杜也一直在思考，思考为什么一贯横行街头的小流氓、地痞无赖基本绝迹，反倒是被视为弱势群体的老人、妇女横行不法？

四

小儿子喜欢玩跳棋，跟我对弈，结果是互有胜负；跟他妈对弈，他基本是全胜。

为什么？

跟我对弈的时候，我都严格按规则来，谁也不能破坏规则，胜负听天由命；跟他妈对弈，一旦失利他就毁棋重来，而他妈不制止，所以他就总能获胜。这个获胜，是通过破坏规则得到的。

为什么允许他破坏规则？

"小孩子嘛！还能跟他一样的？"有多少父母是这么想的，这么做的？

你这么做，你知道孩子会怎么想吗？

"因为我小，所以你们要让着我。"对不对？这是不是很多小孩子大声对大人说的话？

大人让孩子。又一个恃弱凌强的样本。

五

回头再看我们的街头撒泼的老人与女子，他们的逻辑与幼儿园的孩子的逻辑是一模一样的。

孩子的逻辑是：因为我小，所以你们要让着我；

老人的逻辑是：因为我老了，所以你们要让着我；

女人的逻辑是：因为我是女人，所以你们要让着我……

你们让着我的原因，就是因为你们强，而我弱。

在这里，同情弱者的道德变成了弱者欺凌强者的武器。

六

文明社会奉行的法则大致分两类，道德和法律。

道德是高线，是提倡的，建议大家执行的标准；

而法律，是底线，是禁止的，坚决不能违犯的。

同情弱者、照顾弱者是什么？

是道德，可提倡，但没有强制性。

但是，女子撒泼打人、老人扇人耳光却是侵害他人人身安全，那是犯法。

犯法的结果是什么？

法办。

现在，对"老流氓"依法处理的呼声在网络上已经很高，而对于当街撒泼的女子也不能法外从宽。

不管什么身份，不管什么原因，违法者必须法办。只有这样才能避免恃弱凌强者横行街头、绑架道德、践踏法律。

第二章
复杂时代的价值观

在这个复杂的时代里，幸福、意义、目标、快乐、美好这些价值观都发生了或大或小的变化，而我们的价值观是否能够跟上时代的步伐，也决定了我们能否在这个时代里幸福地生活。

幸福是小范围比较出来的

一

如果我问你"过得怎么样？"

你会怎么回答我？

过得还不错。

过得还可以。

凑合吧。

不好。

很满意。

特别满意。

你的答案是这其中的哪一个？

二

其实这个问题，我首先想问的是我自己。

而且，我不知道答案。

为什么？

难道我连自己过得好不好都不清楚？

我自己过得怎么样，我当然最清楚，但是，我不知道这答案的标准是什么，不知道什么样是满意，什么样是不好，什么样又是凑合，或者还不错、还可以。

所以，我无法回答是不知道问话者的标准。

而你，即使回答了，也是按照你自己的标准，不是按照问话人提供的标准，更不是大家公认的标准。

三

所以，当 2015 年春节前央视满大街问人"你幸福吗"的时候，就是因为他们没有定义幸福的概念与标准，所以回答才会五花八门，无奇不有。

韩国是明星体制最发达的国家，明星制造体制呈流水线状态，明星们知名度高、市场效益好，正所谓名利双收，所以年轻人趋之若鹜。

可是，韩国又是明星自杀最多的国家，包括一线影视明星李恩珠、演员出身的歌手U-Nee、老杜很喜欢的男星安在焕等一大批影视歌明星选择自杀，其中男星女星都不少。

为什么？

原因当然很多，但是有一点是相同的，就是他们都认为自己"过得不好"，所以才选择自杀——不过了。

您都名利双收了，还"过得不好"，让我们这些小民情何以堪？

四

问题恰恰就出在这里。

没名少利的时候，我们都追求名利，以为有了名利就会一切俱备，过得幸福快乐；可是当我们中的少数人真正地得到了名利，他们却觉得，自己仍然"过得不好"，仍然不幸福。

这又回到标准问题。

央视没有给摄像机前的大众一个幸福的标准，老杜上面也没给"过得好不好"一个标准，所以，就连老杜自己都无法回答自己提出的问题——不是不能回答，而是无法回答——更别说朋友们了。

五

公认的标准很重要，如果没有公认的标准，那么一切都无法衡量。

比如说，什么样的国家是发达国家？

主要从四个方面衡量：人均GDP高（2005年是1万美元）、工业技术先进、科学技术先进、社会福利高。

有了这个标准，美国、日本、德国、法国等约30个国家进入了发达国家名单。剩下的，包括GDP（国内生产总值）总量已经居世界第二的中国，都是欠发达国家或发展中国家。

六

然而，标准却不是一成不变的。

明太祖朱元璋，当他还是个要饭的叫花子，快饿死的时候，要饭的兄弟给他送来一碗由要来的剩饭剩菜烩的汤。

他喝了，觉得美味无比，就问送汤的兄弟，这是什么汤这么好喝？兄弟编了个名字骗他，说这是"珍珠翡翠白玉汤"。

后来，朱元璋当了皇帝，还要喝这"珍珠翡翠白玉汤"，兄弟们再照原样做出来，他却怎么也喝不出美味儿来了。

为什么？

因为当初喝这汤时，他觉得美味是用一个快饿死的要饭叫花子的标准，而后来他的标准已经上升到了一国之君的层次。

汤没变，标准变了。

七

所以，"过得好不好"这个标准是很难定的，不止每个人都有自己的标准，就连同一个人在不同时期都可能有不同的标准。

著名的电视综艺节目《非诚勿扰》里的一个女嘉宾创造出一个幸福标准，就是"宁可在宝马里哭，也不愿在自行车上笑"。

就是说，这个女嘉宾认为"在宝马里哭"的幸福指数还要高于"在自行车上笑"，这个就是女嘉宾自己的标准。

同样，对于普罗大众来说，有名有利是幸福；对于自杀的韩星来说，光有名利就不幸福了。对于要饭的朱元璋来说，一碗杂烩汤就美味无比；可对于皇帝朱元璋来说，杂烩汤就难以下咽了。

八

那么，是不是就不可能有一个"过得好不好"的标准呢？

当然可以有，其实大家心里都有。

只不过，这个标准不可能是普遍公认的，只能是小范围的，相对的。

笑星范伟在电影《求求你表扬我》里回答过"什么是幸福"这个问题，用的就是比较法。

他说，幸福就是：

我饿了，看见别人手里拿个肉包子，他就比我幸福；

我冷了，看见别人穿了一件厚棉袄，他就比我幸福；

我想上茅房，就一个坑，你蹲那儿了，你就比我幸福。

对于绝大多数人来说，幸福是小范围比较出来的。

所以，当你想问问自己"过得怎么样"时，你不仅要审视自己的生存状态，还要审视一下周围人的生存状态，然后在心里比较一下才有答案。

意义的个人性标准

一

1985年暑期的一个大雨天，我闷在家里闲着没事儿。姐姐说，你去学校看看吧，没准录取通知书来了。

想想也是，闲着也是闲着，我就穿上雨靴，撑着雨伞走出去。雨很大，落在雨伞上，发出均匀又密集得分不出个数的"嘭嘭嘭"的声音，天地一片昏黄。

自从到了录取通知书发放季，我基本上三两天去一趟学校，看看我的通知书到没到。

从家里到学校，要走半小时，上学的时候我都是骑自行车，但现在是雨天，车也不好骑，而且，我还喜欢雨中漫步，于是就一个人在雨中慢慢地走到学校去。

我走得很慢，因为没有什么期待，这样的雨天，邮递员也不见得会送信。

走到学校门前，校园里静静的，因为雨大，院里没人，路上也没人。我敲敲校门卫室的小窗口，里面的人（是大爷、大妈还是大叔，现在已经记不起来了）把窗口打开，我问："有录取通知书到吗？"

"到了三个吉大的，你叫啥？"

我报了名字，"有你的，吉大中文。"挂号信从窗口递出来。

我接过通知书，顺便问了一句："还有两个是谁的？"

"还有一个哲学系的，一个法律系的。"

法律系的同学是我的好朋友，家就在我回家的路上，于是我就把他的通知书也要来，顺便给他捎去。

二

撑着大雨伞，穿着不跟脚的雨靴走在雨中，我心中的感觉，就是一件事有着落了。

踩着泥泞走到同学家时已经是中午了。他家住平房——那个时候我们都住平房——有长长的院子，院子有大门，木板拼的栅栏门。门从里边闩着，但门很矮，手从上面伸进去，就能够打开门闩。

我一手撑伞，另一手熟练地伸进去打开门闩进了院子，回头又把门闩上。

进屋时，他们一家人正在吃饭。我清楚地记得，屋里北面一铺炕，炕上放一个方方的炕桌——那时大家都有这样的短腿炕桌——我的同学跟他的弟弟坐炕上，他父母一边一个坐在炕沿边，斜着身子吃饭。

我说："通知书来了。"

"你的通知书来了，录哪儿了？"他们问，具体谁问的我已经记不清了。

"我们俩的都来了，吉大，我中文，他法律。"我边说边把挂号信递过去。

就在这一刹那，他的父母突然从炕沿上跳起来。

欢呼！

是欢呼，他们就是在欢呼。

三

忽然间，我的脑子乱了。

怎么从同学家里走出来的，我已经不记得了，恍惚记得他父母曾经力邀我在他家吃饭。我俩是好朋友，我曾经不止一次地在他家吃饭。但这次，我没有。

我稀里糊涂地走出来，脑子里乱乱的，直到走回家里，把通知书交到姐姐、姐夫手里，他们也是欢呼，恭喜老弟考上吉大，恭喜老弟为高中学习画上了完美的句号……

到了这时，我才意识到，我也应该高兴。吉大是个好学校，在我们那样的小城，能够考上吉大，可以说是很自豪的一件事。

四

这个故事，后来我与不同年龄段的朋友说起过，我不知道他们怎么想，是不是认为我在夸耀或炫耀。

现在，我已经50多岁了，这个时候说出来，估计至少同龄的人不会再认为我是在夸耀了。

我为什么说这个呢？

是因为我的一点感触：同样一件事，在一些人那里可能已经惊天动地，在另外一些人那里，却可能波澜不惊。

"到了达外（达州外国语学校），我曾想过可能会有改变。但我情商低，太天真。第一次月考全校73名，打电话的时候跟我妈说了，我妈说才73名，呵呵，我在电话另一边都快气哭了。达外竞争多激烈，其他同学考到前600名家长都有奖，而我呢？"

在网上乱翻时无意间看到上面这段话，这是一个高三考生遗书中的话。这个孩子于2016年6月10日在渠县跳江自杀。

五

任何一件事，都有两重意义：

一重是公共价值，就是大家共同认可的价值。比如在一个"考到前600名家长都有奖"的学校里，考到73名绝对是好学生。这个价值认定是大家共同认可的。

另一重是特殊意义，就是这件事对某个人独特的意义。这一重意义，往往与公共价值观有一定的距离。还说上面这个自杀的孩子，他考到73名这样的成绩，对他父母来说，是不够好的。

再比如说我考上吉林大学这件事，为什么我就需要别人启发才意识到应该高兴呢？

这么多年我回想，从我很小的时候，就知道有一个大学叫北京大学，这是我父母对我从小的灌输。后来，到了初中、高中，我的意识里也没有很多大学的名字。高考后成绩出来一看，北京大学那是做梦了，其他的，我就不太在意了，我的志愿是父母做主报的，可能还有班主任和对我特别关爱的语文老师的意见。在这个报志愿的过程中，我坚持的只有一点，就是中文系。其他的，都不是我做主，我也不在意。

所以，很有可能，在我潜意识里，这是一次失败的考试，并没有什么值得高兴或庆祝的。

六

事件意义的两重性，造成我们对事件的反应、反馈不一致，或出乎常理。它的深层次原因是价值观的主观性问题。

价值观是主观的，是因人而异的，虽然社会上有公认的价值，但是，这些公认的价值在每个人的价值观排序中还是不一样的。

2015年，我开始下决心挑战自己，做自媒体，日发一文。这是我生命中的大事，我非常在意。当我惊觉自己已经坚持写满一百篇文章的时候，我自己相当地激动，还写了个《百期感言》，自己小小地矫情了一下。但正如我在感言中说的那样，没有人与我一起庆祝，这个对于我来说如里程碑一样的日子，对大家没什么意义。甚至我的亲人、朋友，也不觉得这一天有多么的与众不同。

对于除我之外的人来说，这就是普通的一天。

"活明白"还是"活舒服"

一

从小接受各种英雄教育，给我们造成一种误解，以为人活着就是为了追求真理。

可是，当我们用这样的眼光去观察社会，我们发现无法理解大多数人的行为，比如过分的口腹之欲，还有"泡着澡看着表，舒服一秒是一秒"的做法，这明显不是在追求真理而是在追求享乐。

后来我们才知道，人生还有另外一个目标，就是舒服地活着。而且这还是大多数人的人生目标。

现在，我们就有了两种人生目标：求生存和求真理。

求生存，简单地说就是追求生存本身，有点儿类似于"吃饭为了活着，活着为了吃饭"。当然，前面要加个修饰语"舒服地"。

求真理，是追求真理、真知。真理与真知是我们对这个世界及人生本质的认识与把握，掌握了真理与真知，也就是洞悉了这个世界某一部分的真相，这对我们把握世界与人生有着重要的作用。

但是，真理与真知却不是人生必需的东西。人生必需的东西很简单，"告子曰'食色，性也'"（语出《孟子》），人的本性需求就这么点事儿：生存、繁衍；其他的，包括真理、真知，都是人生存以外的目标，属于精神追求。

二

追求真理与追求生存,把这两样归类到马斯洛需求层次理论中,高下立判。

追求生存处于金字塔最底端,而通过追求真理来实现自我的人生价值,属于最高层的自我实现。

国学大师钱穆说,人活着不能只为了活着,否则百年之后,人身这皮囊一朽坏,这一生的努力就白费了。所以必得要在这人生的生存之外,发展出另一种企图,这样的人生才有意义。

按照钱穆的意思,把大量的精力用在养生保健、美容护肤之类是没有意义的,因为你的全部努力都在维护人身这一注定要败坏的皮囊。不管你多努力,顶多延长一点时间而已。而当这个皮囊的败坏无可阻挡,你的一切努力就都没有意义了。

这话有道理,可是环顾一下四周,看看你身边的家人、亲人、朋友、同事们,是做护肤、搞晨练的多呢,还是追求真理的多呢?

事实令人沮丧。

三

我们可以把求真理与求生存用更通俗的表达来替换,这样就容易弄清楚了。我们不是在搞学术研究,不必在概念的周延与论述的滴水不漏上下太多功夫。

求真理,目的是什么?是"活明白"。

求生存,目的是什么?是"活舒服"。

这样,我们就把求真理与求生存替换为"活明白"与"活舒服"。

那么,对于你来说,"活明白"与"活舒服"哪个重要呢?

你可能说,都重要。

确实,都重要,我们既想明白地活着,又想舒服地活着。甚至,如果不考虑追求这两个目标的路径与过程,仅从出发点而论,我们对这两个目标的追求是同样强烈的。

四

有人说,不对,生存第一重要,只有在生存的基础上,才可能去追求尊重、爱情与自我实现之类。

原来我也这么想。

不过，前一段听到一个例子，让我改变了自己的观点。

一个乞丐，饥肠辘辘，这个时候，有人给他5元钱，他会用这5元钱买什么？

馒头，或其他用于填饱肚子的东西，对不对？

可是这个例子里却给我们提供了一个意想不到的答案，这个乞丐去买了瓶啤酒。显然啤酒带给他的更多是愉悦功能，他不仅要生存，还要愉悦。

还记得那首著名的革命诗吗？

> 生命诚可贵，爱情价更高，
> 若为自由故，二者皆可抛。

爱情与自由，在这里都比生命更重要。

五

可是，为什么后来大多数人都放弃了追求"活明白"，而去追求"活舒服"呢？

这跟实现目标的难易程度有关。

真理绝对是好东西，它能让我们看清楚世界与人生，活得明明白白。

同时，真理还能够帮助我们活得更舒服。掌握了真理，我们更有机会通过正确的努力让自己的人生获得幸福。而幸福的人生，往往是舒服的（当然不全是）。

这么想来，追求真理是划算的。

可是，追求真理有一个致命的麻烦，就是没有可靠的途径。

阿基米德泡澡时发现了浮力定律，牛顿在苹果树下发现了万有引力，爱迪生通过一千多次的实验发明了电灯泡，他们都是真理的发现者，他们的真理发现路径却无法模仿。

如果再有人泡到澡盆里或坐到苹果树下企图发现真理，中国有两个成语用来嘲笑他的这种行为，一个是守株待兔，一个是刻舟求剑。

六

真理不一定在澡盆里，也不一定在苹果树下，更不一定是在一千次失败的实验以后。

如果肯定在一千次的失败以后，也行，毕竟那也是一条可靠的途径。我们可以通过夜以继日地努力做实验，只要失败超过一千次，就一定能成功。若果真如此，我马上就不写这篇文章了，去做实验。因为没有证据表明写文章能发现真理，也许我写一辈子文章，也发现不了真理。

在发现氧气能够助燃以前，欧洲的科学家们以为有一种东西叫"燃素"，物质能够燃烧是因为里面有"燃素"。于是很多科学家努力去寻找"燃素"，他们做了无数次的实验，很明显，他们没有成功。

追求真理没有可靠的渠道，没有明确的路径是"致命"问题。它让大多数人在追求的路上走着走着就选择退出。因为实在看不到希望。

而"活舒服"这一人生目标相比来说却容易得多，只要我们肯努力，只要我们肯付出，哪怕是卖烤地瓜，都可以通过今天比昨天更多的付出得到可以量化的回报。

舒服程度的提高可以量化，而发现真理的过程无法量化。这是它们的本质区别。

七

这个区别有点像淘金与卖铁锹。

两个人听说某地有金子，于是起程去那个地方。甲想的是那里有金子，我要去淘金；乙想的是这么多人去淘金，他们一定需要很多铁锹，我要去卖铁锹。

很多年后，卖铁锹的人发财了，而淘金的人却空手而归。

淘金像追求"活明白"，每一锹挖下去都可能发现金子，但是挖了无数锹之后你可能还是面临与最初同样的问题，就是你离真理的距离不可知，于是甲越淘越绝望；

卖铁锹却像追求"活舒服"，每多卖出一把铁锹，乙的舒服程度就有一点点提升。虽然仅仅是微不足道的一点点，却是舒服程度的提高与累积，于是乙越做越有盼头儿。

老杜刚刚立家时，家徒四壁，两人节衣缩食，攒俩月工资买一台电视，再攒俩月工资买一台冰箱，再攒俩月工资买一台洗衣机……

那时的日子，苦并快乐着，因为有目标，而且这个目标有可靠的实现途径。

八

"活明白"的无法量化让人失去信心，追求真理的无路径可寻让人绝望。

人们发现，"活明白"这个目标太难以实现了，所以大多数人就放弃了。更有文人写出"难得糊涂"的座右铭来提醒自己，不再做追求"活明白"的傻事。

可是，正如钱穆所说，如果仅仅追求"活舒服"，那么，当我们的身体无可避免地败坏掉，我们这一生的努力就白费了。谁都知道，为一个限时保鲜品付出太多，实在是一件没有意义的事。

这个问题，如一把"达摩克利斯之剑"，悬在所有人头上，使那些即使铁了心只追求"活舒服"，不追求"活明白"的人们，在狂欢之后的午夜梦醒时分，还是会惶惶不安。

所以，虽然是少数，但追求"活明白"的人从来都不曾断绝，总是有人不甘心如此糊涂地过一生，还在持续不懈地努力寻找真理。

而这些人，恰恰是人类走向未来的导引力量。

快乐在自己心里，与他人无关

一

"终于忙完了，累得疲惫不堪的身体终于可以歇歇了，静下心来突然之间觉得很失落，年就这样过了，可是一点都不快乐，又从哪里来的新年快乐！"

这是大年初三，我的妹妹发在朋友圈里的话。

我看了心里很难受。

妹妹是我姨妈的次女，我们从小在一起，一起学习一起玩儿。妹妹是那种最懂事又最让人省心的女孩子，她不但能够认真完成自己的各种作业，还常常替我们写作业、抄作业，文字工整、纸面洁净。在我们儿时相处的十余年时间里，妹妹一直是我们七八个兄弟姐妹中最不让人操心的一个，她总是安安静静，在需要的时候主动替熊孩子们收拾残局。

作为一个平常人家的平常女孩儿，妹妹一直走着平常人的路，读书、工作、结婚、生子。因为身在大企业，工作收入都很稳定。

二

虽然生活在同一座城市，我跟妹妹沟通并不多，我干的是没日没夜的工作——新闻采编，妹妹是大企业的倒班工人，时间倒错；还有居住的地方相去很远，乘公交车要一个多小时，还要倒车；还有……

其实这都不是理由，最主要的原因还是我觉得妹妹在让人羡慕的大企业里工作，妹妹又不是欲望很多的人，工作生活稳定而平静，所以，在我的想象里，妹妹是幸福的。

而在我的经验里，平凡而幸福的人是最容易被忽略的。

后来，因为另一方的原因，妹妹发生婚变，过起一个人的日子。我曾经对妹妹有过担心，但跟妹妹在一起交流的时候，妹妹给我的印象是干练而自信的。再后来妹妹租房、买房、装修，因为涉及与外部世界沟通，妹妹的亲人们包括我都帮了点儿忙，然后就又很久没有联络。在我的印象里，妹妹的日子一直平静而自我，上班下班，看电视、玩电脑、绣十字绣，仅此而已。

然而，现在我知道，妹妹不开心。

三

其实我也曾有很多不开心的时候，我把自己的不开心归结为两点：不能与世界和平相处，不能与自己和谐相处。

我是个书呆子，因为外部世界与东西方圣贤书中教导的不一样，我总想弄清楚为什么，又总想做点什么改变外部世界中不合理的部分。

俗话说，"秀才造反，十年不成。"又说，"十万秀才不抵一个兵。"想改造世界，读书人是最有雄心壮志的，又往往最无能为力。

所以，企图蚍蜉撼树的读书人肯定不会开心。

我又是一个喜欢反思的人，总在反思自己言行的对与错，常常觉今是而昨非，处于一次次的自我否定之中，弄得自己不开心。

当我们理解不了外部世界的时候，往往会反求诸己。我用我自己的不开心去观照妹妹的不开心，妹妹肯定没有我这种改造外部世界的痴人梦想，估计也不会有我的"吾日三省吾身"的病态习惯，那么，妹妹为什么不开心？

也许，答案是托尔斯泰说的，不幸的家庭各有各的不幸。

四

虽然找不到妹妹不开心的症因，却不妨碍我给妹妹提出一些我从自己的经验出发，让自己开心起来的建议。

最近这四五年，我的事业、家庭遭遇多重危机，我不但不再有时间思考如何改造世界，甚至连家人的生命都受到了严重威胁。我天南地北地奔走，不是救急，不是救火，而是救命，救家人的命，先是小儿，再是老婆，后是母亲。

在这些艰难坎坷中，我曾经茫然失措，也曾经濒临崩溃。但这样的时候极少，都很短暂，我总能找到方法让自己从负面情绪中走出来。逐渐，我学会了让自己与世界和平共处，改变能够改变的，接受不能改变的。四年奔波，我救回了脑内出血的小儿，罹患癌症的老婆，送走了病入膏肓的母亲。

同时我也学会了与自己和谐相处。承认并接受自己的平凡与无力，放弃自欺地主动为某一组织、某一群人承担幻想中的责任，明白自己真正能够负责任的只有自己。从而放弃穷达之论，做好这唯一的自己，给自己订比较切近的、易于实现的目标，并踏踏实实地努力。

五

我的人生走过了"沉舟侧畔千帆过"的意气风发，又走过了"过尽千帆皆不是"的彷徨寻路，开始在"俯仰自如、寂静欢喜"状态中运行；不久前，我又把人生状态进行调适，达到一种新状态，就是现在微信签名所表述："我心如花，时时盛开。"

半百人生，沧桑经历，荣辱浮沉，离合生死。经历得多了，就知道万事终难把握，唯一心苦乐由己。你心苦似胆，世事纵甜如蜜，难解其苦；你心甜如蜜，世事纵苦似胆，亦只能稍减其甜，难更其本。

基于这样的感悟，在妹妹那段话的下方，我写下了这样几句话：

"快乐在心里。年都是这样过的，问题是你的心里有没有快乐，如果有，你就是快乐的，如果没有，不是世界的错。"

作为一个不称职的哥哥，我说的这几句话稍嫌严厉。但我更知道，纵然我巧舌如簧、口绽莲花，也不能改变一颗苦涩的心。

唯一能帮妹妹的，还是她自己。

理解、谅解与原谅

一

幼子又病了，肺炎。

医生给开了住院通知单，乘电梯上四楼儿科，电梯门打开的那一刻，吓我一跳。

这哪里是医院的走廊，简直就是晚饭后的广场或是办店庆的商场。

到处都是人。

抱着孩子的，举着输液架的，胸前抱着衣服、兜子的，手里拿着住院通知单、化验单的……

走廊一侧靠墙排满了床，床上是输液的孩子，床边是陪护的家长。另一侧的长椅上每一个座位上都贴着标签、坐着人。

在埋头忙碌的护士面前站半天，她才抬头看着我，一脸的晕头转向，说："床，满了；走廊加床，满了；走廊凳子，满了。我们什么都……"

正说着，医生从办公室走出来，对护士说，通知门诊，不能再收了。

电话铃响起来，护士接起电话，抬头对医生说，还得收一个，急诊过来的。

她们说完，护士又想起了我，目光望向我，我说："我知道。"

二

办完护士这边的手续，我们去医生办公室找医生，办公室里有五个医生，个个埋头忙着。

而我们要找的医生，身边或坐或站四五个人。我把手续给她，她看我一眼说："到门外等，一会儿我叫你。"

然后继续手里的工作，同时与身边的患儿家长交流。

走廊里没有站人的地方。

我们去楼下借个凳子，坐在医生办公室里面等。这个凳子，也将是我儿子马上要开始的住院治疗中,唯一的输液休息的地方。

我年轻时曾经在医院工作过,知道医生忙碌时是什么样子。我也曾参与过这种忙碌,体会过满走廊患者时,医护人员焦头烂额的状态。

所以,虽然我手里牵着的也是一个病孩子,但我真的对这种慢待与等待一点也不生气。

三

无聊的等待中,我把医院走廊的情况拍照发到朋友圈儿。

这一个顺手的行为,改变了我们的处境。

微信发出去,我收到了很多询问、问候,感到心里暖暖的。

然而更重要的,是一个朋友说,她的孩子也在这里住院,我们可以跟她的孩子共用一张床。

于是,我的儿子输液、休息有了床。这个时候,我的心里第一次涌出这样的话:"万能的朋友圈呀!"

其实,万能的不是朋友圈,而是朋友,应该感谢的也是朋友。

但朋友圈起到了在朋友之间即时沟通信息的作用。

四

医生处理完身边的患者,于是排到了我们。

就是普通的肺炎加扁桃体肿大加咽喉脓肿,并不是什么疑难杂症。

医生做完检查诊断,又问孩子饮食情况,我说孩子一直不吃饭,也基本没喝水,于是大夫在医嘱中给补了水和营养。

我们向医生、护士报告了我们的位置,然后回到朋友孩子的床上,等着不同的护士来抽血、敷贴、做咽喉雾化,同时进行五组输液。

感觉医疗体系的管理真的是很成熟、很棒。忙而不乱,一样一样,该做的都会做,只是因为患者太多,时间要延长些,需要我们用更多的耐心去配合。

五

这一个冬天,幼子已经断断续续地病了三次,住了两次医院。基本上是病一周,上两周幼儿园,再病一周,这个样子循环。

可能是因为我曾经在医院工作,也可能是因为家里总有患者要跟医院打交道，我对家人患病已经没有一种焦灼的担心。病了，咱就治，基本就是这样一种心态。

所以，在长时间的等待中，我还有闲心发个朋友圈儿。

但我们常常会遇到焦虑而愤怒的家长，在走廊里很大火气地喊话。

其实这也可以理解，因为病在孩子身上，我们无法感同身受，无法弄清楚具体病况，所以就会焦虑，遇到慢待与延时就会愤怒。

这个时候我往往不去想，医护人员可能只是忙得脱不开身。比如像目前这样工作量比平常多一到两倍的时候。

六

有人说，亲人间朝夕相处，难免舌头不碰牙，所以，要"理解不了谅解，谅解不了原谅"，只有这样才能和睦相处。

把这个方法扩大到朋友之间乃至陌生人之间，往往同样适用。

比如在路上开车时被抢了道，对方不一定是"公路小流氓"，他可能就是有急事在赶时间；比如在医院这样繁忙的机构接受服务被拖延了时间，她真的不是慢待你，只是忙不过来而已。

理解的前提是了解，陌生人因为互相之间不了解，所以很难做到彼此理解。

但是，谅解与原谅却没有什么需要预设的前提，只要我们有一颗宽容的能够换位思考的心，就足够了。

美的人生就是有你喜欢的人和事

一

老杜去了趟海南，回来在走廊里碰到同事，聊起来，他也去过海南，"没意思，跟宣传的国际旅游岛差太远。"他说。

怎么说呢？老杜一时没接上话。

老杜去海南不是去旅游，是有事要办，有人要找。所以，对海南是不是国际旅游岛没什么想法。然而，在长途奔波中偶遇一树红花（后来才知道叫凤凰木），是老杜梦中的灿烂，由此而对海南生出好感，并打定主意，有机会一定会再来海南欣赏这一树红花。

对于老杜来说，海南不用别的地方好，有这一树红花就够了，老杜已经满足了。这一树红花就已经构成了老杜喜欢海南的充分理由。

二

当然了，海南不止有一树红花，海南很丰富，有最美的海滩，最好的热带植被，最舒适的休闲旅游度假区……

可是，那些老杜不在意。不止老杜，对每一个人来说，都不需要了解整个儿的海南；甚至海南人，也不可能了解整个儿的海南。就说老杜住过的屯昌县，那里得有多少原住民从来都没有去过三亚、海口哇！

但这并不影响他们生活在海南，做海南人。

"九寨归来不看水，青城归来不看山"，这两句话很多驴友都知道。

"桂林山水甲天下"，这句话全中国人都知道。

它们说明什么？

九寨沟水最美，青城山山最美，桂林山水都美，仅此而已。

可是风景里不止有山水，还有森林，还有沙滩，还有奇石，还有溶洞，还有暗河，还有摩崖石刻，还有亭台楼榭，这些，它们都没有，或者有也不出色。

但是，这不重要，它们仅仅有山有水就够了。

三

而对于老杜来说，海南也不用哪儿都美，只要有一树红花就够了。

旅游是这样，人生也是这样的。

人生很丰富，车子房子票子，儿子孙子，样样都要有，样样都要全，怎么可能？再说，也没有必要。

人生也不用哪儿都美，只要有你喜欢的人、有你喜欢做的事就够了。

现在科技的发展，似乎把人生弄得复杂无比。其实人生可以还原到最简单，找到喜欢的人、一起去做最喜欢的事，这就是最美好的人生了。至于你的身份，是处长还是农民；至于你的财富，是房叔还是房奴，是不重要的。

为了不输在起跑线上，人生下来就在拼。最初拼奶粉、拼玩具，接着拼学前班、拼才艺，然后拼重点学校、拼成绩，再然后拼大学、拼对象，接下来拼工作、拼收入……

这一切的拼搏，都可能与我们真正喜欢的人、真正喜欢的事无关。一个喜欢跳舞的孩子，可能终其一生也只能坐在台下看表演，因为父母觉得跳舞不是正业。

究竟是务正业重要呢，还是做我们喜欢做的事重要呢？

这个问题很多父母从来没有想过，很多"被做主"的孩子也没有想清楚。

结果，人生，就这么挥霍了。

四

朋友们都常去超市，大大小小的超市，里面的货品琳琅满目，堆积如山。可是，你只需其中的1‰甚至1‱的商品就够了。

怎么办？你会埋怨超市开得大，东西太多吗？

不会的，你惯常的做法是直奔主题，想买肉就去肉柜，想买洗发精就去洗护用品货架，想买速冻食品就去冰柜……你会去选择自己想要的，忽略那些不需要的。

没有一家超市是为你一个人开的。那种只提供你需要货品的超市，从来就没有存在过。

就像这人生。

我们都希望这世上有那么一个人是为我而生的，有那么一件事是等着我去做的，只有我能做好的。这种理想主义者的浪漫从来只存在于琼瑶的小说中。而现实的人生如同超市，里面充斥着你不需要的东西。

也有你需要的，但你得自己去找。

五

人生如同超市。具体到个体的人，也是如此。

你找到了一个人，这个人也很丰富，他身上有很多东西，有的你喜欢，有的你不喜欢。

你喜欢那些让你欢喜的，同时也要接受那些你不喜欢的，至少要跟它们和平共处。否则，当你努力帮助他（她）清除掉那些你不喜欢的东西，他（她）也就不完整了，可能失去了光彩，甚至失去了生命。

喜欢的人也不可能哪儿都好，喜欢做的事也不一定永远美好，只要有你喜欢的部分，只要有你喜欢的段落就够了。

人生如果按80年计算，前20年主要活在对未来的憧憬中，后20年主要活在对过去的回忆中；只有中间的40年，从20岁到60岁这40年，是有行动能力的40年，是可以自作主张的40年。这40年里，你能够选择喜欢的人，一起去做喜欢的事，就够了。

六

我很庆幸，从上高中起，一直是自己在作着各种重要的选择。

也因此，没少与父母争执。

现在，回过头来说，父母的选择很多都是对的，我的选择很多都是错的。

但是，假如给我一个机会，让我再次面临种种选择，我还是会坚持自己的意见。

因为，那是我的选择。

而且，我有一个非常重要的优点，就是勇于对自己的选择承担责任。

我做错了事，我会承担后果。其实这就是马云所说的那句话：自己选择的路，跪着也要走完。

选择自作主张，后果自己承当，这是我认可的人生。

为什么要活得有滋味儿

老杜参加了个难忘的同学聚会，同学们在一起交流分别三十年的人生感受，一起聊天儿、喝酒，一起娱乐，拍了无数照片，还一起走了红毯。

走红毯这件事老杜感触颇深，当晚就撰文谈过，这里不赘述；另一件感受较深的事情是一个同学清唱的京剧《三家店》："……娘生儿，连心肉，儿行千里母担忧。儿想娘亲难叩首，娘想儿来泪双流。眼见得红日坠落在西山后……"

虽然没有音乐伴奏，却一板一眼，字韵分明，给大家留下了深刻的印象。

直到聚会结束各自散去，在同学圈里，大家依然在谈这一点，不仅仅谈他唱的，更觉得他活得很有滋味儿。

二

老杜有同事喜欢茶，不仅限于喝，关于茶的种类、特色、口味乃至发展沿革等都如数家珍。

他在单位平台摆茶摊儿，大大小小的茶盅摆出来，茶汤清白，茶味浓淡，三五同事，团团而坐，娓娓而谈，启蒙了老杜等一批人；

还有同事喜欢咖啡，也是不仅会喝，还会做、会品，说得出各种咖啡的风味特点，品得出"耶加水洗"跟"日晒"的区别，更品得出手冲咖啡里那股淡淡的水果清甜。

常有同事朋友来她这里讨一杯手冲咖啡喝，品味一下专业级的咖啡制作。

老杜觉得，他们是活得有滋味儿的人。

三

唱京剧、品茶、喝咖啡，有这三种爱好的人都被认为是活得有滋味儿的人。

那么，什么是活得有滋味儿呢？

我们每个人都有自己的工作，工作时间之外，每个人都有大量的业余或叫闲暇时间，这个时间干什么？

看电视、喝酒、打麻将、钓鱼、暴走、当驴友、读书、画画、练书法、咖啡、品茶、唱京剧，太极、健身、十字绣……

可以做很多事，选择的范围很宽，你的业余时间被这些事情占据着，也忙忙碌碌的，就老了。

可是跟人一聊起来，你品茶是大碗茶级的，京剧是观众级的，咖啡是三合一级的，那么，虽然你爱好挺多，但不会被认为是活得有滋味儿的人。

四

为什么？

差哪儿呢？

因为你忽略了一点——深度，就是不管做什么，你要做出深度来。

下面是老杜随便从一部书中摘出来的几篇文章的题目《北京鸽哨》《紫禁

城里叫蝈蝈》《秋虫篇》《獾狗篇》《大鹰篇》，看着这样的题目，这该是怎样的一部书呢？作者又该是怎样的一个人呢？

这几篇文章出自《锦灰堆》，作者叫王世襄，著名文物专家、学者、文物鉴赏家、收藏家、国家文物局中国文化遗产研究院研究员、中央文史研究馆馆员，享受国务院特殊津贴。

后边这一串头衔合在一起就是俩字——国宝。

一个享受国务院特殊津贴的文物专家，居然还研究蝈蝈、鸽子，想得到吗？

如果评选活得最有滋味儿的人，在现当代的中国，王世襄当列前五名。

五

有人说，多累呀！

上班本来就累，业余时间喝喝茶、唱唱京剧，就是想歇歇，你还让我们整出深度，想累死谁呀？

那么，我问你，你天天喝那大碗茶，不厌吗？

老杜喝了十多年三合一咖啡，雀巢、麦斯威尔、旧街场、G7、金宝什么的，商场里有的，网上能买到的，口味换了几遍了，早都喝腻了，才知道有这口味儿清香悠远的手冲咖啡。

这进步不是自己苦熬出来的，是口味儿逼出来的。

只是当口味提高以后，你是主动去适应，去探究、去寻找更好的口味儿，还是忽略这种要求，继续冲泡大碗茶解渴，就是你自己的选择了。

再比如说钓鱼，学着别人买个竿儿蹲到河边去很容易，可是蹲着不是功夫，怎么让鱼上钩才是功夫。老杜以前的一个同事，每次出去钓鱼，他的收获总是别人的几倍，让一众钓友只有眼馋的份儿。

六

所以，上面老杜的一个同学、两个同事被认为活得有滋味儿，是因为他们在自己的爱好上做出了层次、做出了深度、做出了品位，也就是品出了个中的滋味儿，我们才认为他们活得有滋味儿。

为什么一定要活得有滋味儿？

所谓滋味儿，其实是一种感受，是当我们对某一事物了解深入到一定程度而从中体会感受到的内心的愉悦。这种愉悦，是一种高层次的精神享受，它超越于外物及感官刺激之上，是一种纯精神的愉悦。

这种感受能够提升我们的精神境界，提升我们认识世界、把握世界的能力。

老杜读大学时围棋盛行，读到过的一篇关于围棋的文章，给老杜留下了很深的印象。文章写作者在一个简陋的房子里见到一位围棋大师，"他盘腿坐在那里，面对着棋盘，缓慢而沉稳地落子，像指挥千军万马的将军，又像坐在朝堂上的皇帝。"

门庭若市好做事，门庭冷落好读书

一

人一生都在顺境、逆境里浮沉，这一路上，固然朋友亲人的支援非常重要，但自己如何应对、如何自处却更加重要。

门庭若市好做事，门庭冷落好读书。

为什么你会门庭若市？因为你正处在各种资源、信息通道的节点上。你的位置有点儿类似于商埠。

过去的商埠是水陆货品的集散地，各类的货品、信息在商埠汇集，然后再运往目的地。比如民国时的上海、后来的香港、改革开放后的广州，都因此而繁荣。

既然你身处节点，掌握资源、信息，往往还包括权力。你有着得天独厚的优势，这是你的机会，你要利用好这些，努力做事，多做事，做好事。

所以，我们看到那些有权有钱的人往往很忙碌。这很正常，因为有那么多的资源、信息、机会在推着他拉着他往前走。这个时候做事是对的。

但是努力做事、多做事不是瞎做事、拍脑门做事，而是要经过广泛的咨询、科学的论证，走过规范的程序，在无把握的世界里有把握地做事。不是旅游团过境，你一路走来一路歌，留下一路垃圾给别人撮。

二

2003年美国打伊拉克的时候，有一个现象现在回头看很有趣。

伊拉克的新闻部长穆罕默德·赛义德·萨哈夫每天向各国媒体发布战况，讲伊拉克如何在各个战场抗击美军，讲他们如何做好了消灭入侵美军的准备，直讲到4月8日。

4月9日，美军坦克几乎没有遭遇任何抵抗，就开进了巴格达市中心。

后来人们把伊拉克的抗美战争称为"一个人的战争"。

我之所以把这位新闻部长长达10个字的全名写在这里，真的是希望大家不要忘记这位杰出的人，至少伊拉克不该忘记他。

很多时候很多人就像伊拉克的新闻部长萨哈夫一样，虽然积极地努力，精心地谋划，但并不是所有的事情都能做好。

毕竟，大厦将倾，非一木可支。

所以，逆境不可避免地来了。

三

逆境来了，资源没了，信息没了，权力没了，朋友也没了，你的感觉就像被世界抛弃了。虽然依然身处闹市，身边的繁华却已像电视上的春晚，你只有看的权力。

这个时候怎么办？

并不是每一个身处逆境的人都有重新振作崛起的本事。但回头想想，以前你做事的时候，有很多的知识，自己一知半解；有很多的机会，自己没能力把握；有很多的问题，自己没能好好解决；有很多的谎言，自己当时看不透。

你到了需要补充自己的时候了，到了读书的时候了。

读书是需要一个安静的环境的。以前你经常抱怨时间不够、环境太吵、工作太忙；现在，这一切的问题都解决了。

门庭冷落好读书。

困惑需要思考，问题需要答案，知识需要补充，经验需要归纳，教训需要总结。你要想做个明白人，该做的事情多着呢，读书与思考会让你很忙碌，没有时间纠结。

四

人活得久了，就会遇见好多事，有好多的感受，经历起落浮沉、荣辱往复。

周作人说"寿则多辱"，这话仅有一半儿道理。因为经历得多，自然荣辱就多，周作人身处大变动的时代，一生动荡，再加上他自己的汉奸经历，自然多辱少荣。

而生在和平年代的我们，虽然也在经历环境激变、人情冷暖，但风暴终究还是比周作人时代平和多了。只要努力把握好自己，门庭若市时不猖狂，门庭冷落时不绝望，就好了。

第三章

换个角度多维看世界

我们对很多事情看法不同，往往不是因为对错，而是因为角度。换个角度，或者多个维度，我们看到的世界就是不一样的，我们的心情境遇也可能就因此而有很大的变化。

网络时代的两重人生

一

陪幼子玩积木的时候,我悄悄打开微信朋友圈儿,还没等点进去,已经被儿子发现:"又看你那破手机。"儿子大声地指责我。

"别玩儿手机了,好好陪一会儿孩子。"老婆也批评。

赶紧收起手机,继续搭积木。

开会的时候,聚会的时候,聚餐的时候,可以说,无论大家以什么理由聚在一起的时候,大家的交流已经越来越少,人手一部手机,低头紧盯屏幕的景象,随处可见。

很早以前,当我注意到这个现象的时候,我就问我自己,当我看手机的时候,我是在干什么?

我也想问问你,当你看手机的时候,你是在干什么?

你仅仅是在玩儿手机吗?

二

自从互联网兴起以后,出现了一个伴生词汇——网瘾。它是说一些人(主要是大中小学生们)天天泡在互联网上的一种现象。按此标准,现在天天捧着手机撂不下的人们,也应该归于此列。

这一点,你认可吗?你是在玩手机呢,还是在沉迷网络呢?还是两者兼有呢?

这个问题我思考了很长时间,我天天看微信,又开公众号,在手机上看新闻、写文章、修改稿件、发工作通知,手机几乎不离手。按上面的标准,我是典型的既有网瘾又玩手机的人。

可是我不这么想。

过去有一种迷信的说法,说人的灵魂可以脱离肉体,就是所谓灵魂出窍。肉体在人世间过着人的生活,灵魂则在另一空间里过着另一种生活。这种迷信是所有巫医神汉存在的依据,他们的优势就是能在两重世界里穿越。

到底有没有一个灵魂的世界？

我也说不清楚。如果说有，到现在也拿不出证据。但是，今天的人们却已经生活在两重世界之中。

一重世界是现实世界；另一重世界，不是灵魂的世界，而是网络的世界。

三

拿老杜自己做例子说吧。

在网络的世界里，老杜大号叫杜俗人，LOGO（标志）是一个已经忘了名字的朋友在一个会场上信手涂鸦的漫画。老杜是一个微信公众号"俗人说"的主持，有一个叫"俗人说"的毒药账号，还有一个叫"俗人说"的搜狐主页。

老杜在"俗人说"这个公众号里点评时事、闲话人生，企图表达"我眼中的世界，我理解的人生"。"俗人说"的粉丝不多，有的是老杜的朋友、同事，有的人不知道老杜是谁，仅仅是喜欢老杜写的文章。

在现实社会中，老杜当然不姓杜，姓王，是一个纸媒体的编辑，年届半百，须发斑白，身材五短，颈腰腿三粗。每天的工作时间是下午到半夜。

二十年前，自以为聪明地选择了一个当时的朝阳产业一头扎进去，爬格子二十年后，当自己的生命日影西斜之时，这个行业也日薄西山。现在，两轮夕阳都不愿落山，都在苦苦挣扎。

四

看到没有？这是两个截然不同的世界，生活在两个世界里有着截然不同的感受。

杜俗人没有吃喝拉撒，也不需要工资住房，天天只要指点江山、激扬文字，指桑骂槐、挑三拣四；偶尔发发感慨，是为了显得有情怀、有深度。

王编辑则没有这么潇洒，上班加班熬白头，俗事琐事搞昏头，坎坷人生太挠头，人情冷暖无尽头……

你可以问问我，是喜欢当杜俗人呢，还是喜欢当王编辑呢？

嗯——

我用膝盖想一下，还是当杜俗人好啦！

这不仅是我的选择，也是无数"网瘾"者的选择。

当他们在网络世界里的时候，他们是游戏里的"无敌大侠"，是论坛里的"灌水高手"，是时事评论界的"毒舌"，还是时尚的"俊男靓女"……

这样的身份谁不喜欢呢？

五

我不是想为"网瘾"者辩护，当然更不是批评。

我想说的是，网络已经作为另一个世界深深地植入我们的人生。今天的我们，每个人都具有两重身份：一个是现实世界的身份，如夕阳纸媒的王编辑；一个是网络世界的身份，如微信公众号主持杜俗人。

当我拿起手机读微信、发微信、写微信的时候，我是以杜俗人的身份在网络世界里生活，而不仅仅是在玩儿手机；当我放下手机面对一摞打印的稿件，我就是做报纸的王编辑在工作。

我的身份在两个世界里切换，标志就是一部手机的拿起与放下。

六

从办公室到采编平台，要走过长长的走廊。我常与另一张报纸的编辑在走廊里相遇，点点头就过去了。

有一天，当我们又一次路遇，他说，其实我们在网络上聊得很多呢！

可不是嘛！

在网络上，在微信朋友圈里，我们关于一些问题常常交换意见。

但在现实中，当我们相遇的时候，却好像并没有那么多的话。

是网络世界的杜俗人与网络世界的"他"有很多观点喜欢交流，而现实世界的两个编辑却并没有那么多共同感兴趣的话题。

网络世界、现实世界是两个不同的世界，但我们却只有一个人生，我们通过手机的一拿一放在两个世界里切换。

所以，当我们拿起手机的时候，我们不是在玩儿手机，也不是在沉迷网络，而是在网络世界里经历另一重人生。

不同的其实是角度

一

清明节，总让人想起那些逝去的人和事。

记得是2007年，我去了11趟殡仪馆；也是那一年，我的工作艰难困苦、颠沛流离。最终，我失去了我最喜欢的工作。

这样想的时候，那一年我一直都在失去，感觉几乎整整一年都是灰色的。

其实，那年我有很多快乐的时候。

比如那一年我虽然转岗到一个不喜欢的岗位，却在工作中作出了很大的成绩，使我有机会发现自己的潜力和另一方面的能力。

这里面有个角度问题，如果我说那年我痛不欲生、生不如死，我能找到10个以上的证据；如果我说我那年顺风顺水、一路飘红，我也能找到同样多的证据。

二

我说一个我自己那年快乐的事。

虽然是在无奈的情况下，我还是自驾游去了山西，看云冈石窟和悬空寺。

这两个地方，最能体现永恒的短暂或叫短暂的永恒。

从北魏时的古迹一路看下来，石窟与寺庙经历了岁月的剥蚀而忽略时光，保存到现在，于人生来讲，几称永恒；而洞窟的残破斑驳与寺庙的几经翻修，却同时证明了永恒的不可能。

无论是石窟还是石像，最终都会淹没在历史的长河中，充其量是一种短暂的永恒。

再深入一步，那支撑这百千万人积几代人之力创造这世间奇迹的佛教，无论其思想还是组织，在其原产地印度都已趋于没落，成为历史的一部分。

即使是中国的佛教，也不过是漫漫历史长河中的一瞬，也就是短暂的永恒而已。

三

回头来说一个真事。

家有老人,八十已过,糊涂了,常说一些吓人的话。

一日晚八点多,老人自己在房里睡觉,忽然走出来到客厅,对正在看电视、聊天的儿女们说,"满屋都是人,还抽烟,还有警察,让我咋睡觉呀!"

大家一脸的无奈。

卧室明明空无一人。

大家面面相觑,心里直发憷。末了,还是小女儿走到卧室门口说,"都走吧,都走吧,我爸要睡觉了,都走吧。"然后再对老人说,"都走了,没人了。"

老人才慢慢地走回卧室继续睡觉。

四

通行的解释是,这是老年痴呆的一种表征。

以前看过另一种说法,说年龄大的人神志不清,容易混淆阴阳,这看似是一件坏事,其实却是老人们走完人生旅程的一种预备或叫铺垫。

人最终都要走向另一个世界,那么,既然要换个环境,自然要自觉或不自觉地做一些准备,老人的这种我们视之为痴呆的现象,应该就是一种心理的准备。

也许,此时的老人们,已经可以在两个世界里神游;也许,在另外一个世界的卧室里,真的有很多人,让老人无法安睡。

五

我们对很多事情看法不同,往往不是因为对错,而是因为角度不同。

一件事情,从不同的角度看,就会出现不同的观点,得出不同的结论。无论幸运与倒霉,短暂与永恒,痴呆与神游,其实没有对与错之分,只有角度的不同。

从对自己有利的角度,我还是更愿意从积极的角度看问题,至少这样可以让自己多很多开心的时光。

比如对于老人的幻觉,我宁愿相信在此世与彼世之间有一种中间状态,就像我们买了新房子，不是一下子搬进去，而是在新房子与旧房子之间，这边住住那边住住一样。

这样，可以让我们减少对环境的陌生感，可以让我们不至于因为对环境的不熟悉而产生恐惧与不适，可以平稳地过渡。

用感情胁迫理性的结果会很糟

一

有一段时间，朋友圈感情泛滥，自我膨胀到要胁迫理性的地步。老杜的众多好友卷入其中，跟风起哄，让老杜大吃一惊，有些话不得不说。

朋友圈突然被这样一则微文刷屏："建议国家改变贩卖儿童的法律条款，拐卖儿童判死刑！买孩子的判无期！"

拐卖儿童着实可恨。可是，判死刑想达到什么目的呢？能达到什么目的呢？

洪晃出过一本书，叫《无目的美好生活》，虽然书名叫"无目的"，可是这种"无目的美好生活"也是一种目的，只不过不像挣多少钱、当多大官儿、住多大房子、娶谁当老婆那么具体、那么功利而已。

我们做一件事，总要有目的，"拐卖儿童判死刑"要达到什么目的呢？

二

通过严刑峻法，震慑犯罪吗？

我国的《刑法》里不缺严刑峻法的部分，对贩毒惩罚就是相当重的，《刑法》第三百四十七条规定：

> 走私、贩卖、运输、制造毒品，无论数量多少，都应当追究刑事责任，予以刑事处罚。
>
> 走私、贩卖、运输、制造毒品，有下列情形之一的，处十五年有期徒刑、无期徒刑或者死刑，并处没收财产：

（一）走私、贩卖、运输、制造鸦片一千克以上、海洛因或者甲基苯丙胺五十克以上或者其他毒品数量大的；

……

这一段法律条文在说什么？

贩卖海洛因50克就可以判死刑。

够严了吧？

那么，贩毒的人绝迹了吗？

对于毒贩来说，在中国贩毒几乎就是赴死之旅。可是毒品却还是从以前只能在港台电影里看到，发展到在云南边境出现，再往内地蔓延，再到东北边陲。

法不可谓不严，毒却在愈演愈烈，这是大家眼前的事实吧？

三

让犯罪分子受到最严厉的惩罚吗？

30年前，中国还是一个自行车大国。因为是自行车大国，所以也是丢自行车大国。那个时候，为了加强管理、减少丢车等目的，买了自行车是要上牌子的，还要在架子上打钢号，警察一个重要的工作就是找丢失的自行车。

即使这样，丢自行车的现象依然普遍地发生着，犯罪分子在裤腰带上挂个铁钩儿，把自行车直接挂在钩上，推着就走了，就像推自己的车。

那个时候，最招人恨的贼是偷自行车的贼，所以大家就建议，应该加大对偷车贼的惩处力度，抓住一次剁一只手，或剁一个手指。这是一个流传在很多人群中的一个建议或叫民意，只不过那时没有朋友圈，没有形成现在的声势。

偷个自行车就剁手，现在你觉得靠谱吗？

四

法律不是想怎么定就怎么定的，是有各类犯罪之间惩罚程度的横向比较的，研究法律制定原理或叫道理的学问叫法理学。

比如普通的偷窃财物就比拦路抢劫要轻，而拦路抢劫又要比持械故意伤人相对要轻，持械故意伤人又比故意杀人要轻，而故意杀人致伤又比故意杀人致死（既遂）要轻。

那么，在这个惩罚价值链里，拐卖儿童应该放在哪一部分，不能跟故意杀人一样重吧？

故意杀人，是指故意非法剥夺他人生命的行为，是中国刑法中少数性质最恶劣的犯罪行为之一。我国《刑法》第二百三十二条规定：

> 故意杀人的，处死刑、无期徒刑或者十年以上有期徒刑。

拐卖儿童，毕竟没有"非法剥夺他人生命的行为"恶劣吧？杀人都不是一律判死，还有无期或十年以上有期徒刑两个选项，你把拐卖儿童罪的惩罚定得比杀人都重，犯罪分子会怎么应对？

五

绝大多数人都没有机会真正接触到犯罪分子，但是在充斥荧屏的侦探剧里却总能看到。大家回想一下，一旦发现罪行要败露，犯罪分子都要干什么？

毁灭犯罪证据，对吧？

就是毁灭犯罪证据。没有了证据，也就无法坐实犯罪。

拐卖儿童的犯罪分子要毁灭证据。

什么是证据？

孩子啊！

孩子是唯一的证据，如果拐卖儿童判8年，杀人要枪毙，他会选择逃跑，跑不了大不了坐8年牢。

如果拐卖儿童就枪毙，杀人也枪毙，结果都是一样的，他会怎么办？

他就可能毁灭证据，孩子就危险了。

六

我们提建议，做事情，不管动机是什么、多么美好，都要看最终要达到的目的是否能够达到。

现在是夏天了，大家都喜欢在外面吃饭喝酒，于是街边烧烤盛行。但街边烧烤污染环境、影响居民休息，所有的城市都在取缔。城管们开着半截槽子车，成群结队上路执法，走一道收一道，抢一道打一道，闹闹吵吵，鬼哭狼嚎，整个过程跟鬼子进村似的。

结果呢？

不仅造成了多起的暴力事件，而且并没有收到很好的效果。一到晚上，还是到处烟熏火燎的。

你说，这还不容易治？让武警持枪上路，看见就抓，拒捕就枪毙，能不能治好？

七

肯定能，一夜之间就不会再有了。

可是，能这么干吗？你确定这是你理智的决定？

摆路边摊的不是敌人，如果真的持枪上路，那就真的是鬼子进村了。

不管是路边摆烧烤摊、偷自行车，还是拐卖儿童，在整个违法惩处的价值链里都有它应有的位置，在这个位置里有相对的执法空间，或就高或就低——比如现在针对交通违法好多都在执行上限处罚——但不能超越它应该的位置，因为这样不仅达不到目的，而且破坏了法律的价值链。

当感情泛滥的时候，理性往往容易遭到胁迫，这个时候作出的决定往往是不理智的，甚至是与动机背道而驰的。

你是老了，还是懒了

一

老杜工作的部门与医院合作进社区义诊，来了很多的老年人。

排队的时候，老杜跟几个老人聊起来，老人们说自己有好多的健康问题，不知道该问谁。

"我们有微信健康群，里面有很多专家，可以一对一地解答问题。"老杜说。

"哎呀！你们说的那个微信，得用大屏的手机，我们老了，不会使。"老人们异口同声地说。

"你们可以学啊，让孩子教你们。"

"哎呀，太难了，我们老了，学不会。"

老了，所以学不会。这些老人们说得理直气壮。

可是，真的是这样吗？

二

老杜的幼子刚刚过完五周岁生日，此前一年左右的时间，他用老杜的平板自己下载了游戏"消星星"，并学会了玩儿。

他是怎么无师自通的，到现在老杜也弄不清楚。只是有那么一天，看到他拿着平板聚精会神地玩儿，才发现是在玩游戏。

后来，他又下了一个"割绳子"的游戏，又是自己整明白了怎么玩儿。

老杜的儿子绝对不是天才，类似的情况在幼儿身上普遍地发生着。老杜只不过举了身边的例子而已。

老杜的外甥，3岁的时候来做客，自己打开老杜家的台式机，让妈妈帮助找出打字软件，自己一个界面一个界面地操作，那时，他站着的高度正好与电脑桌一样。

一个普通的幼儿，就可以无师自通地操作电脑，可是我们的老人们竟然连智能手机都学不会。

难道，老人们的智商竟然不如孩子？

三

在现场，老杜这样问老人："你孙子会不会用智能手机？"

"会啊。"

"他几岁？"

"6岁。"

"6岁孩子会用，你不会用，你的智商还不如6岁孩子？"

老人们一愣，大家谁也没有想过这个问题，一时都不吱声了。

其实不止他们，老杜78岁的老父亲总是用老杜的台式机看电视连续剧《包青天》，每一次都是老杜给打开软件，找到视频，点击播放。电视剧看过百八十集了，却还是播放时不会暂停，暂停时不会继续。

四

没有人会认为老人们的智商不如三五岁的孩子，可是在电脑、手机、电视等电器的操作中，不会用、不敢用的老年人绝对不在少数。

朋友们看看自己身边的老人们，有多少连最基本的电视遥控器都用不明白？

那么，这是为什么呢？

这源于他们的一种心理，一种懒惰心理，用"我老了"三个字做挡箭牌，拒绝学习、拒绝努力、拒绝进步。

当然，并不是所有的老年人都如此。

老杜最早的手机是一款浪潮牌子的手机，生产时间应该在 2000 年或更早，现在这企业早都不存在了。后来老杜把它给了妈妈，结果，妈妈就用这款古董级的手机与她的两个妹妹发信息聊天儿，三个老太太合起来年龄超过 200 岁，就用手机短信聊天儿，打很多字。

五

在义诊现场，老杜给老人们讲自己妈妈的故事，鼓励他们学习使用智能手机。

老人们不再像开始时摇头，"也是，小孩子都学会了，咱们咋能学不会呢？"

"孩子淘汰下来的大手机，就在家里放着。回去我让他们教我用。"

你老了，这是千真万确的。但老了不是你停止学习的理由。社会并不因你老了而停止进步，停止发展。你如果不跟上时代的进步，就会被抛在后面。

比如，随着移动互联网的发展，现金交易会迅速退出市场，信用卡都会被移动支付取代。可是，我们有多少老人，连信用卡都不会用呢？如果你还用"我老了"来搪塞，五年、八年以后，连去市场买菜都会成为问题了。

现在的社会已经进入后工业化时代、叠加互联网时代、移动互联网时代，如果你的意识还停留在工业时代，甚至农耕时代，那么不久的将来，你站在都市的大街上，跟野人站在那里，区别是不大的。

尊严丢了，很难捡回来

一

老杜曾讨论过老人的种种恶行，有朋友评论说："这些人在剥夺自己被尊重的权利。"

这话说得太精彩，实在是有阅历有见识的高论。

本来，对于老人，我们一直的尊称是老先生、老爷爷、老爷子，形容词往往是德高望重、年高德劭、德隆望尊等；而现在，成了老东西、"老流氓"、老无赖。我们固然不够敬老，但欲要人敬，首先得自爱吧，你以一种流氓无赖的行径暴露于大庭广众之下，让我们又如何敬得起来？

关于老人问题就此打住，老杜不想再费口舌，让我们就此拓展开去，因为挥霍"自己被尊重的权利"的人，不止某些老人。

二

2014年9月10日，依兰县高级中学教师冯群超，上课时公然向学生索要教师节礼物，对学生进行辱骂。

2014年2月，在"乱补课"举报热线公布后，一位家长很气愤地打来电话说，他孩子初中教数学的刘老师，放假之后一直在进行违规补课。"刘老师在学校的课堂上不认真讲课，却要求学生上她的补课班，平时还给个别不参加的孩子'穿小鞋'。"

三

上面是教师，下面再举两个医生的例子。

2014年8月10日，患者小吴和妻子到惠安县医院妇科看病，"女医生没在病历上写字，而是开了个2英寸大小的纸条，吩咐我到医院大门口对面的东南药店去买。这种药东南药店要118元一盒，后来我在崇武一家药店看到，这种药只要34元。"

2012年2月，魏先生妻子怀孕后下身流血，医生给其妻开了保胎灵、黄体酮和致康胶囊。按照医嘱，其妻连服4天药后，流血仍未止住。药快吃完时，他无意间发现致康胶囊说明书上标注着"孕妇禁服"字样。由于医生开错药，导致其妻没能保住孩子。

四

上述四个例子，都是笔者当天早上写此文时临时从网上搜到的。

医生、教师是中国千百年来一直备受尊重的职业，古语云："医者父母心","一日为师终身为父","医"与"师"在中国传统文化里，是除了至高无上的统治者——"君"之外仅有的可与"父"这个既代表亲情又代表权威的身份并列的两个职业。

医生的工作在古代叫"悬壶济世"，教师的工作叫"教书育人"，除了自称是天子的皇帝，除了自称是神的追随者或信徒的宗教（神职）人员，"医"与"师"是红尘俗世中两个最受尊敬的职业。

可是，后来呢？已经名列"新四大黑"行列。

五

公平地说，教师社会地位的沦落，有其历史的原因。

历史浩劫曾经打倒"师道尊严"，把教师斥为"臭老九"并批倒批臭，把他们关进牛棚，赶到乡下，让他们为衣食寒暖而挣扎。

求生尚艰难，哪里顾得上尊严？

尊严一旦放下，再捡起来可就不容易了。就像影视界的某些明星，豁出去容易，再想回头就难了，50年里，也只有一个舒淇，还有一个汤唯。

理智地说，医生职业道德的沦丧，也有体制上的原因。

比如，不管多急的病，以前都是必须先交钱后治疗，所以就有患者死在医院门诊的长椅上。

这个不能怪医生，因为这是制度的规定，一旦患者耍赖不交费（这种事情是经常发生的），这笔费用是没有人出的。让患者死在医院里而不救治，这样的医生无论什么原因，都不可能被社会尊重。

虽然"也有"不止这两个，但是，无论如何，作为当事的医生、教师，你不能说你或你的同行们没有一点责任。

六

你"挥霍"着"被尊重的权利"，社会自然也就"剥夺"了你"被尊重的权利"。

现在，我们的医生已经成了先天可疑的职业。患者去医院治病，要签种种的免责协议，医生先要考虑自保，然后才能考虑救人。

在医院期间一旦病情加重，患者和家属首先想到的是"是不是因为没送红包，医生不给好好治？"

更有极端的案例，在湖南省汨罗市人民医院手术室内，护士捡到了患者写的遗书，遗书称："如果手术出了意外事故死亡，必须由院方最低赔偿30万元。赔偿未到位，尸体坚决不出人民医院大门。"

这绝对是医患关系中最悲摧的一幕。

七

贺卫方，网名"守门老鹤"，北京大学法学院教授，博士生导师。他发过一段感慨：

> "很庆幸生在一个有大学的时代，使自己这种既不喜官场气息、又不懂经商之道，还恐惧农耕之累的散木之人居然可以过上一种不失尊严的生活。"

不喜官场气息、不懂经商之道、恐惧农耕之累，应该说，很多医生、教师都是这样的人，在当今中国的社会中，相比来说，这两个行业的从业者基本上有机会过上不失尊严的生活。

只是，把已经失去的尊严捡回来，却没那么容易。

八

老杜家的渊源和老杜的人生履历，教育、医疗均有涉足。

所以，对这两个行业的内部、内幕有着深入的了解与感受，老杜有一批医生、教师朋友，对他们所面对的困境与所遭遇的不公深深地理解。

但是，现实就是现实，"不是所有的从业者都有问题，但有一批从业者有问题"应该是一个比较公允的判断。

同时，也必须指出，挥霍掉"被尊重的权利"的不止这两个行业，也包括老杜正在从事的新闻行业。

渐次曝出的"僵尸肉"假新闻、"炒股跳楼"假新闻等都在挥霍着我们已经所剩无几的尊重。

也不仅仅这三个行业，还有其他。

"被尊重的权利"挥霍起来很容易，再捡起来却相当难。恐怕要花上十倍、百倍的力气，而且要寄希望于通过制度建设和行业内每个人的努力，才能够慢慢地重新捡回来。

问题讨论与泼妇骂街的区别

一

朋友们在圈儿里讨论，谈到一个观点：讨论问题切忌对讨论者进行道德指责，因为讨论是以理服人，关键看谁有理，与讨论者的身份、品德没什么关系。而且，一旦讨论涉及道德，就变成狗扯羊皮——拎不清了。

这个观点实在是精辟，道出了我们很多争论缠夹不清的根本原因。我一直想找个事例来具体谈一下，结果今天，找到了。

中国社会科学院副院长、学部委员蔡昉在自己的一篇文章中说，一部分国外人士和机构成为"中国经济悲观论"的始作俑者、背书人或信奉者，原因有三：

其一是对中国经济的无知。西方宏观经济学是依据西方发达国家经验形成的，缺乏对中国这种快速跨越不同发展阶段经济体的分析框架。以西方宏观经济学为理论依据的国外人士和机构，从传统的需求侧解释中国经济发展新常态，却看不到供给侧结构性改革蕴藏的增长潜力。

其二是希望中国采取刺激性政策以从中获利。一些国外人士或研究机构不顾中国经济转型升级、转变发展方式的现实需要，想通过夸大中国经济面临的问题，迫使中国出台刺激性政策实现粗放的高增长，以从中获利。

其三是做空中国经济。一些国外人士和机构或者试图从预测中国经济崩溃中获取学术声誉，或者试图通过制造舆论、做空中国经济进而投机获利。

二

让我们具体分析一下蔡昉的这三点原因：

其一说"西方宏观经济学是依据西方发达国家经验形成的，缺乏对中国这种快速跨越不同发展阶段经济体的分析框架"。

这个分析很有道理。经济学是经验科学或叫学科，是从人类的经验中产生发展提升出来的一门学问。中国的社会形态、历史发展、经济运行都与西方有很大的不同，以依据西方发达国家经验形成的西方宏观经济学来套中国经济发展，确实可能存在圆凿方枘、扞格难入的问题。

更何况，世界经济发展变化迅速，传统的经济理论不能完全解释当今新问题也是正常现象。只不过是完全不能解释，还是局部不能解释；是根本不能用，还是总体可用，局部需要发展，这是一个可以讨论而且需要通过实践来证明的问题。

这个，就是经济学框架内的正常讨论。

三

其二和其三我们可以放到一起讨论。

其二说"一些国外人士或研究机构不顾中国经济转型升级、转变发展方式的现实需要，想通过夸大中国经济面临的问题，迫使中国出台刺激性政策实现粗放的高增长，以从中获利"。

这个"利"，就是私利，是本组织（企业）或个人的利益。

其三说"一些国外人士和机构或者试图从预测中国经济崩溃中获取学术声誉，或者试图通过制造舆论、做空中国经济进而投机获利"。

学术声誉是名，组织或个人的"名"也是私名（名也是一种利，名后也有利，私利）；投机获利的"利"，更是私利。

这两条，就是在对"一些国外人士或研究机构"进行道德指责，指责他们以学术谋私（私名、私利）。

四

有人说，难道这么说不对吗？

不存在"一些国外人士或研究机构"以学术谋私名、私利的可能性吗？

肯定存在。

不仅"一些国外人士或研究机构"存在，一些国内人士或研究机构也存在以学术谋私名、私利的问题。这个是客观存在。

就像雷锋除了喜欢为人民服务，也喜欢戴手表一样，雷锋也是普普通通的人，拥有一个普通人所有的感情和欲望。经济学家也是普通人，他写文章、发表论文肯定有对稿酬与学术名望的追求。

但是，把这个拉出来作为理由来证明别人的道德瑕疵，从而通过否定其道德而否定其观点，就不是讨论问题的正确方式了。

"一些国外人士或研究机构"也可以指责蔡昉发表文章的目的是为了讨好某些人，从而为自己谋求学术或经济利益，这又如何反驳呢？

五

就像法官判案要讲程序正义一样，讨论问题要有讨论问题的正确方式，否则我们就无法得出任何有效结论。（不仅正确的结论得不出，错误的结论同样得不出。）

首先我们要明确问题，比如"中国经济是曲折向好还是掉头向下"，然后，在经济学的框架内对中国经济发展的模式、道路、方法、手段、管理方式等进行讨论，可以一一讨论，也可以仅就其中某一项或几项进行讨论，但是，要严格局限在经济学范围内。

你说"国际反华势力亡我之心不死"。

这是不是事实？很有可能是事实。但是，这不是经济学讨论。

你说"一些所谓的国际学术机构其实是间谍组织"。

这是不是事实？可能是事实，但这不是经济学讨论。

你说"某某专家是民族狂热分子"。

这是不是事实？依然可能是事实，但是，这还不是经济学讨论。

六

我们说什么就说什么，就事论事，就事论理，不要涉及其他。

雷锋是为人民服务的榜样，这没有问题，他做的那些好事都是真的，这跟他戴没戴手表没有任何关系。不能用雷锋戴手表而否定他是为人民服务的榜样。

我们讨论经济问题就讨论经济问题，只就经济问题在经济框架内谈是非，不谈讨论者的道德，因为这不是经济问题。

只有这样，我们才可能通过讲理而战胜对方。

否则，凭空加入道德指责及其他与问题无关内容，会让观众们觉得我们没水平、不专业，把学术争论、问题讨论变成了泼妇骂街。那样，我们即使有理，也没人支持了。

谁愿意与泼妇站一起呢？

遇险不能自救，我们缺什么

一

这是一篇老杜不愿写的文章，这是一句老杜不想说的实话。

只是因为看到又一条生命的消逝，老杜再也忍不住。

2015年8月2日晚7时许，临潼突降大雨，横穿陇海线的临潼火车站东闸口桥洞很快积水。8月3日上午11时许，在东闸口附近散步的宋女士发现积水里有一辆被淹没的轿车，旁边还漂着一个人，东闸口附近住户推测，死者可能是被困在车里淹死的。

又一个因道路积水车辆被淹而死的开车人。

此前，已经发生过多起类似事件。

2009年，重庆龙头寺火车站宝华路进站下穿道积水一度深达1.58米，一辆载有5名乘客的出租车行驶经过此处被淹，最终导致两名乘客被淹死，其中包括一名两岁多的男童。

2014年，广州白云区棠乐路京广铁路涵洞内一辆小车被水淹没，车上7人均溺水死亡，其中有两名小孩。

二

然而，不是每一起类似事件都会淹死人。

2014年7月16日晚7时左右，一场暴雨让北京海淀区田村东路铁道桥下路段变成了一个巨大的池塘，18辆途经此处的车辆被淹，很多司机和乘客都冒着大雨跑到两侧高处避险。

这一次，淹了18辆车，无人伤亡。

我们再说一说最近发生的"电梯吃人事件"，很多媒体都用了"8秒"这么一个时间概念，仅仅8秒钟这么点时间，一名女子被卷入电梯身亡，在这短短的8秒钟时间内，她把手中的儿子递给了商场工作人员。

那么，这8秒钟的时间里，她有没有机会逃生呢？

三

不管是道路积水淹死人事件，还是"电梯吃人事件"，当事人都已经死亡，他们当时遭遇了什么我们无从得知，在这种情况下讨论他们是否有自救的时间与意识就显得不厚道，所以，老杜这篇文字不想写，这句实话不想说。

可是，这却是老杜多年来一直想说的一句话，一直憋在心里。

今天在这里说出来，就是想提醒一下朋友们：每个人都可能遭遇危险，你要有自救的意识，要学习自救的方法。记住，很多时候，你有机会救自己，你要努力救自己。

四

网上有一个人一生中可能遭遇到的危险概率，这个靠谱不靠谱很难说，放在这里，给大家做个参考：

日常损伤是1/3；

行将生育的妇女难产是1/6；

家庭涉及车祸是1/12；

在家中受伤是1/80；

受到致命武器的攻击是1/260；

死于心脏病是1/340；

家庭成员死于突发事件是1/700；

死于车祸是1/1500；

死于中风是1/1700；

乳腺癌（女性）是1/2500；

女性遭到性侵害是1/2500；

本人死于突发事件是1/2900；

死于火灾是1/5000；

溺水而死是1/5000；

染上艾滋病是1/5700；

被谋杀是1/11000；

死于怀孕或生产的女性是1/14000；

因坠落摔死是1/20000；

死于工伤是 1/26000；

走路时被汽车撞死是 1/40000；

被刺伤而死是 1/60000；

死于手术并发症是 1/80000；

因中毒而死（不包括自杀）是 1/86000；

骑自行车时死于车祸是 1/86000；

吃东西时噎死是 1/160000；

死于飞机失事是 1/250000；

被空中坠落的物体砸死是 1/290000；

触电而死是 1/350000。

五

老杜自己遭遇过两次以上的撞车事故，两个同学走路时被汽车撞死，自己的亲人中有乳腺癌患者，一个同事被歹徒刺伤而死，两个同事中年死于心脏病突发，一个同事的儿子触电而死⋯⋯

不能细数，细数会很多。

疾病类的今天不讨论，我们只讨论车祸、伤害、谋杀、攻击、溺水等突发性意外事件。

意外这么多，你受过应对意外的训练吗？你有应对意外自救和自我保护的意识吗？

比如，乘坐车辆一旦入水，如何以最短时间逃生；遭遇持械歹徒，如何保护生命；遭遇色狼，贞操和命哪个更重要；身处险境，如何最快逃离⋯⋯

六

总是灾难发生了，才能唤起我们的安全意识。

因为有驾驶人在车上溺水身亡，所以乘车人如何自救的知识在网上广为传播。但是，俗话说，"城门贴告示也有不识字的"，还是有人在遭遇同样的危险时身死。

"电梯吃人事故"视频在网上传播，大家都看得清楚。我们也可以设想，女子不是把孩子交给工作人员，而是带着孩子往前扑，扑到她放孩子的地方，那么，她是不是可以与孩子一同脱离危险呢？

当然，作为一个母亲，突遇危险，她想到的只有孩子，这就是母亲的伟大之处。但是，如果她有自救意识，并知道自救的方法，就像许许多多的影视作品演的那样，遇到危险往前一扑，也许不仅有机会救孩子，还能救自己。

七

搜索网络，几乎所有的文章都在诘责商场、电梯制造商、安全监管方，包括老杜自己，都把矛头针对安全监管方。

可是，作为普通个体的我们，大家要明白一点，不管别人如何尽责，我们如何小心，遭遇意外几乎是不可避免的，这个不是倒霉不倒霉的问题，而是概率问题。

所以，每个人都要有自救意识，要学自救知识。

比如遭遇爆炸，要顺着爆炸力的方向往前扑才能最大限度地减少伤害；比如车辆溺水，要以最快速度打开车门或车窗来平衡车内外水压，使自己有机会打开车门逃生；在高速公路遭遇车祸不能通行，要迅速离开自己的汽车到高速防护栏以外去等候警察来处理，不能坐在自己车里，因为后面的大车可能刹车不及而追尾造成二次事故；在高速公路上，除非找到安全停车区，否则车停哪里都不安全，最安全的方法，是开下高速公路再停。

八

虽然有专业的救援队伍，有专业的施救人员，但你不能没有自救意识，不能放弃自救的努力。有句话，叫"自助人助，自助天助"，你都不帮自己，只想等着别人来救你，危险会给你那么多的时间和机会吗？

我们读书时没人教过我们遭遇危险时如何自救，我们自己没有遭遇危险自救的主动意识，所以，当危险找上来的时候，我们往往会坐在车里等待救援。

可是洪水不给你时间，失控的大货车也不给你时间，你必须自己想办法从车里跑出来，被水淹就爬上车顶或其他高处，被堵路就跑到高速路防护栏以外。

总之，生命是你自己的，你是唯一的必须负责的人，不是别人，不能依靠别人。

节日，需要一个好的主题

一

记得圣诞节前，朋友圈里有人倡议不过圣诞节，"那是外国人的节日，我们不信基督教，也就无所谓圣诞。"

按照这个逻辑，圣诞节也不是外国人的节日，而是基督教的节日，中国人也有信基督教的，所以，笼统称之为外国人的节日，不准确。

可事实是这样吗？

对西方社会稍有了解的人就知道，圣诞节已经是欧美国家的一个全民的节日，新华网的说法是"普遍庆祝的世俗节日"。

这个就像是我们的春节，虽然起源也有包括祭祀社神等各种传说，但那都已经不重要，现在的春节，就是全体中华民族的一个团圆节。

二

正像现在的中国人过春节不是为了祭祀社神，现在的西方人过圣诞节也不是为了庆祝某某诞辰。虽然其教派内部自有仪式，但更多的人仅仅把这个日子当成一个欢乐的节日来过。

所以，因为圣诞连着元旦，年轻的朋友们戏称已经启动过节模式。网上也有人晒出了过节攻略，如何请假可以连休多少天之类。

可是什么是过节模式呢？

聚会、狂欢、吃大餐、睡懒觉、走亲戚、逛商场、会朋友、熬夜打网游，还有什么？

知性的朋友可能会读读书、喝喝咖啡、喝喝茶、聊聊天，像老杜还要写写字，还有什么？

重亲情的朋友可能会回家看看老人、长辈，陪老人聊聊天，帮忙做做家务，还有什么？

三

问到这里，有朋友可能就烦了，反过来问老杜，你说，过节还有什么？

这也正是老杜思考的问题。

过节到底还应该有什么？

周日去青花湖看冬捕，冬捕前有一个简单的祭祀仪式，祭祀诵辞者高声朗诵："皇天在上，黑土在下……"据说，这个仪式叫"祭湖醒网"仪式，"祭湖"是对湖神的祭祀，"醒网"是对渔网的祭祀。

为什么要"祭湖醒网"？

为了丰收。

对渔民来说，"祭湖醒网"祈丰收是冬捕节的主题。而围绕这一主题展开的一系列活动则是特色。

端午节，中国人有吃粽子、赛龙舟的习俗。这个习俗的来源有很多，但是，由于屈原的爱国精神和感人诗篇已广泛深入人心，因此，纪念屈原之说，影响最广最深，占据主流地位。

在民俗文化领域，中国民众把端午节的龙舟竞渡和吃粽子等，都与纪念屈原联系在一起。这个节日的主题是纪念爱国诗人屈原，特色则是赛龙舟、吃粽子。

主题与特色，这个就是老杜认为过节应该有的东西。

四

当年轻的朋友们开启了过节模式，当人们期盼着、筹备着一个个节日，却往往把节日的主题抛到了一边。于是，所有的节日都变成了假日。假日只有长短，没有特色。于是过一个忘一个，越过越没意思。

因为物质匮乏，老杜的童年是贫瘠的。但即使是这贫瘠的童年里，老杜关于春节的记忆仍然是五彩斑斓的。

扭秧歌，放鞭炮，小伙伴们穿新衣裳，家家门外挂上彩色的灯笼，还有糊墙、贴年画……

远方千里万里之遥的亲人们都会回来，回到家里团聚。所以在亲戚、朋友、邻居家里可以看到很多熟悉又陌生的面孔，他们发给我们从没见过的好吃的糖果，给我们讲新奇好玩儿的故事。

春节起源已经无法确知，但现在其主题却很明确，就是团圆。而其特色，则是大年夜全家在一起的那一顿团圆饭和节前节后一系列的习俗与庆祝活动。

五

圣诞节蔓延，情人节泛滥，再加上父亲节、母亲节等节日逐渐被年轻人所接受和崇尚，有人担忧我们传统的节日被人们遗忘。

于是网上有人呼吁，要重视传统节日。

可是，怎么重视，怎么倡导呢？

比如情人节，有人说中国有自己的情人节，就是"七夕"。这个有道理，可是"七夕"是怎么一回事，现在还有多少人知道呢？

即使知道"七夕"的故事，那么围绕爱情这个主题，在"七夕"这天有什么特色活动呢？

难道动员大家一起半夜看星星，唱"陪你去看流星雨落在这地球上……"

没有人把传统的"七夕""鹊桥"之类的故事改编成脍炙人口的流行动画或影视故事，也没有特色活动吸引年轻人参与，而情人节的一朵玫瑰花却是又浪漫又别致。

你说，如果你年轻，你更喜欢过哪个？

赋予节日一个好的主题，围绕这个主题开展一系列的特色活动，通过这一切调动起大家的兴致和情趣，这个应该是弘扬传统文化应该下功夫做的事情。

否则，一些传统节日消失恐怕是不可避免的事情。

惯偷母亲，还值得帮吗

一

写下这个问题的时候，我心里还没有一个笃定的答案。但是，这是一个很多人都在纠结的问题，所以，我决定提出来，并自己试着给予回答。

也许，我提出了问题，并回答了问题；也许，我的答案并不能得到大家的认可，我仅仅是提出了问题而已。

不管怎么样，我们试试吧。

2016年5月31日晚，一名小偷在上海珠江路一家超市被抓住，民警在她身上发现的被盗物品有：薏米、红豆、鸡腿、一本儿童图书，总价值有70多元。经民警了解，这名刘姓女子家里有一对双胞胎女儿，都患上了严重的肾病，她因想给重病的孩子一份儿童节礼物，才在超市行窃。

于是民警动了恻隐之心，帮她把东西买了。因为盗窃数额较小，对她进行教育之后放行。两名警官将这件事发到了微信朋友圈，并倡议大家给孩子捐款、捐物。结果短短两个多小时，已经收到30多万元的善款。到这里，这个超市窃贼是一个被生活所迫又充满母爱的好母亲，是一个需要社会帮助的人。

二

然而，事情到这里并没有以大团圆的方式结束。

被偷超市营业员曝出，这个女人是个惯偷，她的被抓并不仅是因为被超市的摄像头拍下，而是因为多次偷窃，被营业员盯上才人赃并获："她在我眼前已经三次了。"

于是，仅仅偷价值70余元的东西是"为了给孩子做儿童节礼物"的"一时糊涂"，这一具有满满正能量的理由不再那么有说服力了，在搜狐的调查中，有38%的人认为"不能把孩子有病当作自己成为惯偷的理由"。

现在，新的问题出现了，我们该怎样看待一个需要帮助的惯偷？她还值得帮助吗？

三

我们看问题，常常会走两种极端，一个是非黑即白，非好即坏。就像老杜小的时候看电影，出来一个人物，就问大人："这个人是好人还是坏人？"那个时代的教育是告诉孩子，这个世界只有两种人——好人和坏人，不是好人，就是坏人。

这种错误的看问题方式并没有随着那个时代的过去而过去，现在仍然有相当多的人秉持这样的观念。

当然，他们并不是把人分成好人和坏人，而是分成我喜欢的和不喜欢的；或者对我好的和对我不好的。比如男生的朋友、女生的闺密，好的时候天天黏在一起，从早到晚；一旦产生一点儿矛盾或误解，立马翻脸，反目成仇，互揭对方疮疤，无所不用其极。

在他们的意识里，不是我的朋友，就是我的敌人，思维逻辑就这么简单。

这种思维逻辑应用到这个惯偷的妈妈身上，其典型的做法便是，听到前面的正能量新闻立马搜警察微信号捐款，并发朋友圈动员朋友们捐款"帮帮这个被生活逼迫而成为小偷的母亲吧"。

后来听说是惯偷，又马上翻脸声讨，"这个可恶的惯偷欺骗了我们"，恨不得把捐出去的钱要回来。

四

另一个极端是彼亦一是非，此亦一是非，结果是没有是非。

"彼亦一是非，此亦一是非"语出《庄子·齐物论》。庄子认为是非都是相对的，没有绝对的是非，如果孜孜以求于是非，只会烦恼无穷。所以郑板桥的"难得糊涂"被很多中国人写成条幅挂在墙上，奉为座右铭。

很多时候我们不追求是非对错，只追求稳定和谐。

然而，具体到惯偷妈妈这个事情上，是非能不能说得清呢？

我们可以试着分析一下。

老杜要采用剖析法，也就是把事件一段一段地切开，一层一层地扒开来剖析，对其中每一个相对完整的阶段或部分进行分析评价；再根据各个阶段或部分的评价，综合后得出最终的结论；最后根据最终的结论，表达我的态度。

五

这个事件可以切分成这么几个部分：

第一部分，女子超市偷窃被抓。事实没有疑问，人赃并获，女子认罪。在这里，这个女子是个小偷，应该谴责与法办。

第二部分，女子说出偷窃原因，是因为孩子需治病，而自己没有收入来源，要过儿童节了，孩子说要吃鸡腿，自己"一时糊涂"就偷了超市的东西。

在这里，这个女子是一个为了救孩子付出一切，甚至不惜铤而走险的好妈妈，她的偷窃行为是"一时糊涂"；她是一个需要帮助的人。

第三部分，超市营业员说出女子被抓真相，她不是"一时糊涂"，而是一个至少在超市偷了三次的惯偷。

到这里，女子从"一时糊涂"的好妈妈变身为惯偷。她至少有两个方面的问题：一个是偷窃，这是违法行为；再一个撒谎，这是违反道德的行为。

违法，应该受到法律惩处；违反道德，应该受到公众的谴责。

六

分段剖析完毕，但是，我们还不能就此下结论。因为这个事情还有一个内在的逻辑没有厘清，所以还需要综合分析。

这个内在的逻辑就是，该女子的行窃行为，不管是一次还是多次，都是生活所迫，孩子重病需要异地治疗，而她却没有经济来源。

她偷窃的目的不是谋利或者享受，而是为了维持生存。她偷窃的物品都是生活必需品，有"薏米、红豆、鸡腿、一本儿童图书"，超市营业员说她还偷过白糖，这里面没有奢侈品或高价商品。到这里，我们可以得出一个结论，这不是一个普通意义上的惯偷，这是一个为救孩子而偷窃的母亲。

这个就是我们关于整个事件的最终结论，这是事实判断。

七

事实判断有了，下面我们每个人都可以作自己的价值判断，并据此决定自己的态度。

你可以选择继续同情她，因为"偷窃虽卑劣，母爱救子令人心酸"；也可以选择声讨她，因为"不能把孩子有病当作自己成为惯偷的理由"。

事实判断，结论是唯一的；价值判断，结论却往往千人千面。因为价值判断的基础是每个人的价值观。所以，只要我们能够区分清楚什么是事实，什么是价值判断，也就不会陷入"彼亦一是非，此亦一是非"的纠结。每个人都会根据这唯一的事实，作出自己的判断，表达自己的态度。

行文到此，我的观点已经明确，对于这个惯偷母亲，我的价值判断是：这是一个被生活压力逼得"走上违法犯罪道路"的好母亲。

对这个好母亲的态度，我选择在法律的框架内尽量从宽，但不能枉法；在道德上我能够给予谅解，因为生存权先于道德。

但这是我个人的态度，你的态度是什么？

人机对战，人是输给了自己

一

忽然想起金庸《笑傲江湖》中的一个桥段——余沧海初战岳不群。

当时，岳不群站在那里不动，余沧海绕着岳不群转圈，转了300圈，没找到破绽。余沧海看找不到破绽，就蹽了，不打了。

岳不群是华山派掌门，余沧海是点苍派掌门，两大高手对战，高手对高手，余沧海见无懈可击，主动遁走。

为什么想起这个？

是因为曾经炒得沸沸扬扬的李世石与机器人阿尔法狗的决战。

二

阿尔法狗是什么？

是机器——智能机器人。它已经掌握了这人世间所有能够搜罗到的棋局棋谱，并通过不断地推演、练习，让自己的智能不断提高。

就是说，阿尔法狗这款机器人，不但会背诵，而且会通过学习来自我提高。

能够自我提高，这样的机器人已经在从机器到人的路上又迈进了一大步。

李世石呢？

是围棋九段。不会围棋的人不懂九段是什么意思，我们可以通俗地说，李世石在围棋界是高手中的高手，或者说是当今最优秀的棋手。

最优秀的棋手对战最智能的机器，这就是这次人机大战的实质。

三

下面我们再说说围棋。

围棋是在有限的范围内，利用有限变量进行博弈。

棋盘格、黑白子，变量就这些。条件是有限的，所有的条件大家都知道，看看谁能赢。

相比来说，中国人会下象棋的比会下围棋的多。

大家都知道，象棋讲究看三步，也就是算计，走这一步时不仅要预备好下一步怎么走，还要算计出对方可能会怎么走。

围棋也是一样，棋手之间比拼的是计算或算计能力，看看谁尽可能地算到更多、更远。

所以，一个优秀的棋手，比如李世石，我们可能会夸奖他"脑袋跟计算机一样"。

推演到这里，我们已经可以得出这样的结论，这次的人机围棋大战，是一个拥有计算机一样计算能力的人，与一台拥有人一样学习能力的计算机之间的博弈。

四

那么他们谁会赢呢？

谁招数多，谁计算得更精密，谁就能赢。

但是如果都是高手，谁都算得很精密，又怎么办呢？

让我们回到本文的开头，余沧海围着岳不群转，转啊转，找破绽，转了300圈，找不到破绽。

那怎么办？余沧海就面对一个问题，我找不到你岳不群的破绽，你能不能找到我的破绽呢？

这个就不好说了，因为他不知道岳不群是跟他一样水平，还是比他更高。所以，余沧海就蹽了，打得赢就打，打不赢就走，这叫高手。不能再接着转，再转下去，弄不好，自己的破绽就出来了，就被岳不群抓住了。

所以李世石和阿尔法狗对战，可以说是比谁能赢，也可以说是比谁不出错。

谁都很能计算，我们说不出李世石能算出800步，还是阿尔法狗能算出800万步，他俩之间的差别我们说不清楚。

因为围棋可能没有800万步，它就是有限条件下的有限操作，你再不服输，也就把这盘棋下满，下到无处落子，输赢也就出来了。

五

所以，人机之战，关键就在于两者谁先出错。

都是高手的情况下，比的已经不是谁对，而是谁错。

谁先出错，谁输。

那么人与计算机，哪个更容易出错呢？

研究无人驾驶技术的特斯拉老总马斯克说，相比来说，人比机器更容易出错。

人有情感，有思想，有心理压力，这些无时无刻不影响着场上的选手。

由于心理压力及身体透支，中国的射击选手王义夫在奥运赛场上射出最后一弹即晕倒，被抬出场外，结果失去领先的大比分，仅获亚军。

这样的问题在机器身上不可能发生。

所以，相比之下，李世石出错的概率太高了。

六

李世石有多少弱点呢？

阿尔法狗下过多少棋李世石不知道，李世石也没法知道，因为阿尔法狗自己在肚子里下，外面看不出来；但李世石打学徒时下过的棋，只要有记录，阿尔法狗全知道。

李世石见过的棋谱，阿尔法狗见过，李世石没见过的棋谱，阿尔法狗也见过。所有围棋高手的棋谱，人家阿尔法狗全见过。

但李世石肯定没有阿尔法狗见得多。这就是人和机器比先天的缺陷，人在见识总量上，永远不如机器大；二是计算没有机器精密；三是情绪没有机器稳定。

那么李世石有三点弱势，这三个方面只要一个方面出问题，李世石就输了。因为高手之间过招，不是你错十招八招人家才能抓住破绽，下错一子都没有机会翻盘。

围棋就是这样。

我下错一子，被你抓住了，我处于下风，那怎么办？我只能挺着，跟你缠斗，引诱你或者等待你出错。

两个人对战，你有情绪我也有情绪，你出错我也出错。

可阿尔法狗是机器，它没有情绪，它不错。它也不追求下得精彩，它就规规矩矩一步一步往前走，它没有好胜的精神，也不想摆漂亮的姿势，更不管"粉丝"尖叫。

就是，我该走哪儿就走哪儿，我一算计，该怎么走，那就怎么走。什么环境都干扰不了我，主场、客场没有意义，欢呼、尖叫、谩骂没有意义。

那结果你就想想，李世石还能赢吗？

七

所以，我认为，李世石不可能赢，没机会赢。

但李世石赢了，赢一场，那是怎么回事呢？

我们也顺便在这里说一说。阿尔法狗不可能出错，或者说目前阿尔法狗计算机的程序已经没有明显的瑕疵。那么阿尔法狗出错，就可以说不正常。

既然不正常，那么又怎么发生了呢？

我们也用阴谋论来猜测一下。

既然是计算机，其运算能力的难易程度是能调的，比如我们打"帝国时代"等各种游戏，打怪可升级，能力有高低。

把阿尔法狗的运算能力调低，就是点一个键的事。把他的运算能力调低，让它下一手弱棋，被李世石抓住机会；然后，再调高阿尔法狗的运算能力，你感觉不出什么来。

这样，李世石就能赢了。

只要李世石坚持到最后不出错，阿尔法狗一步出错，那就满盘皆输，没机会反过来。

李世石是高手中的高手，他要把握住机会，阿尔法狗也没机会赢。除非李世石控制不住，他又出错了，这就没办法了。不能一次两次三次地把计算机能力调低，那就看出来了。

李世石四负一赢，一赢是给人点面子，照顾点儿人的虚荣心，别把人的那点自尊太早地踩到泥里去，以免造成人类对人工智能的恐慌，把人工智能比作妖孽，不利于人工智能的发展。

八

这又让我想起茨威格的小说《象棋的故事》。

里面讲 B 博士在第二次世界大战的时候被德国迫害，关进牢房，他在牢里琢磨下棋，达到了很高水平。

当时有个木讷的、喜怒不形于色的国际象棋世界冠军，他俩在船上偶遇，第一局 B 博士赢了世界冠军；第二局世界冠军用计谋给他制造精神压力，勾起了他坐牢的记忆，精神崩溃了。结果，就是那个跟阿尔法狗一样没有喜怒哀乐的世界冠军，赢了。

世界冠军就是利用 B 博士人性中的弱点赢了他。

斗鸡也是一样。中国有个成语叫呆若木鸡。木鸡是形容最好的斗鸡，放在那里一动不动，呆若木鸡，也就是没有感情色彩的战斗机器。

阿尔法狗就是没有感情色彩的战斗机器，木讷的国际象棋冠军也是。

九

所以，所谓的博弈，当达到一定高度和境界，就不是人在跟对手战斗，而是跟自身的、人性的弱点在战斗。

人如果能控制住自己人性的弱点，不让这弱点控制情绪，不出错，他就有机会与阿尔法狗争胜。

可是，这可能吗？

人能控制住自己人性的弱点吗？

不可能的，如果能，那也就不是人了。

所以，如果你问我李世石有没有机会赢阿尔法狗？

答案你已经知道，不可能赢。

只要是人，有情绪，思维有局限，而且还没有阿尔法狗那样自我更新的计算深度、计算能力，人赢阿尔法狗是不可能的。

那么，谁能赢阿尔法狗？

造一台一模一样的机器，这个是阿尔法1狗，那个是阿尔法2狗，它俩之间博弈，计算能力一模一样，你不出错我也不出错，看看最终是什么结果。

这个时候，才能看出来人工智能设计上还有什么问题。

十

那么，是不是说今后人永远赢不过机器了呢？

是又不是。

说是，因为在有限前提、有限条件下，人不可能计算过机器，所以今后所有棋类的霸主必然是机器。

说不是，就是把有限前提改变，机器就不行了。

还说围棋，人要赢机器，很简单，把棋盘外框拆了，把棋盘无限放大，只要无限大，变量就多了，多到计算机也算计不到，考虑不全，人的创意、奇思妙想的优势就派上用场了。

比如地震，就是因为变量太多，相互之间的关系实在无法把握，所以人类无法预测地震。

但终会有一天，当我们收集到足够的变量，把它输入计算机，用计算机强大的计算能力来弥补人类思维的不足，最终我们一定能够掌握地震的规律。

到那时，我们预报地震可能就是在天气预报里加一项而已。

专家与权威

一

看到这样一则新闻——《比尔·盖茨和林志玲都收藏过他的画……》。

画家叶永青，1958年生于昆明，1982年毕业于四川美术学院绘画系油画专业，现为四川美术学院教授。

多次举办个人及联合作品展览。曾在北京、上海、新加坡、英国伦敦、德国慕尼黑、德国奥格斯堡、美国西雅图等地举办个展。据说连比尔·盖茨和林志玲都收藏过他的画。

有两幅叶画家画的鸟，第一幅卖了100万元，第二幅卖了22万元。

老杜不懂画，也不敢说这两幅画值不值那个价。老杜拎出这个新闻，是因为它恰恰能够引出一个老杜感兴趣的话题——专家与权威。

二

比尔·盖茨与林志玲是绘画鉴赏家吗？用他们来宣传画家，想说明什么，能说明什么？

我们回头看看这两个人：

这两个人都属于富人阶层，比尔·盖茨是巨富，林志玲也比我们绝大多数人都富。

也只有富人才谈得起收藏。

有人说不是，我的某某朋友也收藏着不少旅游景区或文玩市场淘换来的紫砂壶、旧版书。

嗯——咋说呢？

你有点儿想多了。这个意义上的收藏老杜也有，不妨在这里显摆一下。老杜收藏着朝鲜民主主义人民共和国 20 世纪 90 年代的邮票，据说是限量版的。

三

这个世界上，比比尔·盖茨富的人虽然不多，比林志玲有钱的估计就有点数不过来，比如山西的煤老板群体。

所以，把他们两个单独提炼到新闻标题里，不仅仅是因为他们有钱。没准儿哪个山西的煤老板也收藏了某个画家的画作，但是画家们绝对不会拿出来炫耀。

那么这两个人还有什么与众不同之处呢？

他们都是名人，有名气。

比尔·盖茨是大老板，电脑专家；林志玲是著名艺人，溢美一点儿叫艺术家。

借用名人的名气来宣传，这却是传播营销界的老套路。

四

可是，借用这两个人的名气来宣传，却只能招来眼球，赢不来美誉。

比尔·盖茨懂画吗？林志玲是绘画鉴赏专家吗？

他们都不是。那么，比尔·盖茨和林志玲的收藏行为能够说明叶画家的画作有很高的艺术水平吗？

肯定不能，答案是否定的。

稍微理智一点思考，我们就会知道，一个行业的专家，在另一个行业里却可能很陌生；一个行业里的权威，不可能是所有行业里的权威。

那种精通一业就到别的行业里去放大炮、冒虎气的"专家""权威"，这些年我们已经领教了许多。

所以三峡大坝该不该建，不能用投票的方式来决定。

虽然投票的都是各行各业的专家、权威，但他们在三峡建大坝这个事情上，很多都不是专家、权威。

五

2012 年，易中天做客大庆，纵论城市文化建设。老杜被抓壮丁，充作观众。

易中天是谁就不用老杜再说了吧？厦门大学历史教授，百家讲坛最红主讲，多家电视台特约节目主持人，作家……

这些名头里，哪个和城市建设有关呢？

他有什么资格来给大庆党政机关领导干部讲城市文化建设呢？

就因为他写过一本《读城记》？

就凭这一点，他就从历史权威变成了城建行业的权威？

六

平心而论，老杜特别喜欢易中天的书，几乎每本必买。尤其是《品人录》，先后买过三本，第一本被人借走不还，就又陆续买了两次。

他的书，观点文采俱佳，读着是一种享受。

可是，纵论城市文化建设的易中天却显得很肤浅，见解不专业，观点不新颖，话语明显是清客闲谈的风格。

在城市文化建设方面，历史专家易中天却不一定是专家，让老杜很心疼自己的时间。

同样，叶画家的画被比尔·盖茨和林志玲收藏，也无法证明叶画家的水准，顶多做个宣传的噱头，博来一些看热闹的眼球罢了。

第四章

小事情何以酿大错

很多小事，后面都有大道理。我们做错了小事，往往不是因为疏忽，而是不明白后面的大道理，违反了后面的大道理，才酿成大错误。所以卖冥纸的杀人不是因为抢地盘，而是因为面子，面子大过天。

多留面子，才能少挨刀子

一

2016年4月3日晚，大庆高新区一路口发生命案，凶手与死者都是卖冥纸的。受害人韩某夫妻在路南摆摊儿，行凶者李某和妻子摆摊儿在路北。

目击者说："那时候天还没太黑，晚上不到6点的样子。两家吵起来了，好像是因为抢地盘。吵着吵着就动刀了，那两口子被捅了。之后警察来了，说是失血过多死了。"

在现场附近，另一摆摊儿的老太太对记者说："听说抢地盘出人命了，这摊儿就能摆到5号晚上，使劲赚能赚几个钱？太不值了。"

在警方全力通缉下，行凶者很快落网。这方面基本没有悬念，不是我们讨论的方向。

二

老杜想讨论的问题是：他们为什么而争，为什么而斗？

你也许会说，不就是为了争地盘吗？或者说，是为了争财？也就是如微友所说的那样，是人为财死？

可是摆摊儿的老妇说了："这摊儿就能摆到5号晚上，使劲赚能赚几个钱？"为屈指可数的那点利益，是不值得拼命的。

那么，是为什么呢？

这正是老杜今天想讨论的问题。剥开简单的表象，捅破人为财死的窗纸，当我们趴在窗台，窥视行凶者的心理，寻找他拔刀的理由，我们到底看到了什么呢？

三

明末，崇祯十七年，李自成大军打进北京，崇祯皇帝自杀于煤山。

皇帝是死了，可是明朝却并未覆亡。在南京，明朝还有一个陪都，还有一整套国家权力机构随时可以投入运转,还有一帮朱姓王筹备登基。更重要的是,还有几十万大军驻扎在山海关,由吴三桂统领。

有政府机构,有武装力量,只要有一个皇帝登基,大明朝就还是一个王朝。所以,这个时候吴三桂很重要。吴三桂支持谁,谁就得一强助,吴三桂反对谁,谁就得一强敌。

恰在这个时候,出了李自成的大将刘宗敏强掳吴三桂的爱妾陈圆圆事件,吴三桂一怒倒戈,引清兵入关,这就是历史上著名的吴三桂"冲冠一怒为红颜"的故事。

吴三桂真的是为红颜而卖国吗?那是只有听书人才会相信的故事。老杜讲这个故事,就是想通过这个尽人皆知的故事,讲一个往往被人忽略的道理:

为票子不值得拼命,为面子却往往拔刀。

许多看似原因简单的恶性事件,背后都是面子,放不下的面子。

四

再说一个更远一点儿的故事。

大汉王朝的三齐王韩信,在发达前有一个很著名的丢人故事。当时韩信还是一平头百姓,无权无钱,却在腰上挂把宝剑,在街上走。

一帮街上的小混混看不惯,就拦住韩信,说你要不怕死,就用剑刺我;如果怕死,就从我的胯下钻过去。结果,韩信就钻过去了。这就是著名的韩信"胯下之辱"的故事。

凡有点历史知识的人,一提到韩信,就会联想到"胯下之辱"的故事,一提到吴三桂,就会联想到"冲冠一怒为红颜"的故事。这两个故事,表面上讲的是胆量与爱情,骨子里却都是面子。

韩信之所以被称为大英雄,不仅是因为有大本事,还因为能放下面子,也就是古人说的"忍人之所不能忍"。在中国传统文化中,面子是多么重要,由此可见一斑。

千百年来,中国人最放不下的就是面子。所以,基督教"人家打你左脸,你要把右脸也送过去"的处世方式在中国很难得到认同。

五

美国广告大师奥格威曾经说过一句非常经典的话:"当你还年轻的时候,不要把自己的面子看得太重要,因为没人在意你的面子。"

这句话是告诫年轻人，在初入社会时能弯得下腰、吃得起亏、放得下面子。只有这样，你才能找到师傅、学到本事、做成事情。

在中国的人才市场上，目前的状态就是两头缺——企业缺人，大学生缺工作。

为什么？

一个很重要的原因就是大学生们放不下面子，放不下架子，不肯从最底层、最基础、最脏、最累、最没面子的事情做起。

六

好像我们扯得远了，从冥纸命案扯到了冲冠一怒，再到胯下之辱，再扯到人才市场，其实都没有离开一个面子。

我们可以想象一下，两个男人因争地盘而斗嘴。在自己的老婆面前，哪个肯认输呢？这面子谁输得起？不敢认输的结果就是由斗嘴到动手；尤其是，东北男人动手能力强，争斗从斗嘴起头，升级到动手，再升级到动刀，结果，对手倒下了，自己也傻了。

在冥纸命案里，别说人为财死。他们是因财而争，却是因面子而死。回头想想各类新闻报道中的恶性事件，开车追撞，动辄拔刀，灭门屠户，哪个里面有百万千万的利益呢？

一张放不下的面子而已。

我不能劝你放下自己的面子，因为一事当前，我也不见得能放下面子；但我想劝你给别人留点面子，也许这样，你就会少挨或不挨刀子。

"得饶人处且饶人"，是教你保护自己

一

在网上看到了向顾客浇开水的服务员的询问笔录，这个事情的前因后果算是比较全面地呈现出来，我们也可以谈一谈了。

很多公共事件，因为披露信息不完整，大众声音往往忽左忽右。

比较明显的例子是成都女司机被打事件，刚开始曝出视频及新闻，舆论一边倒谴责打人男子；后来"男子行车记录仪视频曝光，女司机疑两次故意别车"的信息出来，舆论马上倒向打人男子这一边，谴责无良女司机。

女顾客火锅店遭服务员开水浇头事件，发生在 2016 年 8 月 24 日，虽然当时舆论也可以说是一边倒谴责服务员，但也有声音在问：浇开水以前发生了什么？

二

让我们来简单回顾一下整个事件。

24 日晚 6 时许，温州一火锅店男服务员把半盒（目测相当于冰箱储物盒）热水浇到女顾客头上，造成女顾客全身 42% 面积被烫伤，包括头脸、颈部、躯干、四肢等多处，男服务员也被警方带走调查。

世界上没有无缘无故的爱，也没有无缘无故的恨，服务员与顾客之间到底发生了什么？

今天公布了民警对男服务员的询问笔录，如此惨烈的事件，起因竟然是——服务员加汤加慢了。

女顾客要求服务员给火锅加汤，服务员在为另一桌客人服务，没有马上执行；后来服务员加汤时，女顾客说服务员服务差，要投诉，服务员说"你不要装×"；之后女顾客发到微博上，然后服务员要求女顾客删掉，女顾客说"你算老几"；再然后，服务员就去打了半盒热水，浇到女顾客头上……

就这些，大致差不多。

三

从事新闻行业的人，错过饭点是常事。十多年前，老杜单位附近有个粥铺，错过饭点的新闻人常去那里吃饭。

一次，老杜去喝粥，遇到一个熟人，于是两人凑一起，边聊天儿边喝粥。当天两人消费了 16 元钱，是老杜埋的单。

就是这么一个消费 16 元钱的喝粥过程，这哥们儿折腾了服务员五趟，不包括服务员给我们送粥和咸菜的那一次，五次分别是要餐巾纸、要牙签、要开水、开水不热换杯热的、要免费的咸菜。

当时已经过了饭点，人不多，服务员一趟一趟地送，没有问题也没有表示出不满，更没有给我们浇开水什么的。整个过程，也许服务员都觉得很正常，只有老杜把这件事记在了心里。

四

这哥们儿有问题吗？

餐巾纸、开水、牙签不是粥铺应该免费提供的吗？

也许只是因为这是个利润微薄的粥铺，所以这些免费提供的东西都是当顾客索要时才提供吧，可能服务员都不觉得有问题。

走出粥铺后，老杜对熟人说："你真能折腾人。"

这个熟人一边用牙签剔着牙，一边随口回了句："她不就是干这个的嘛！"

是啊！服务员不就是为顾客提供服务的吗？

也许，火锅店里的这位女顾客也是这么想的吧，从她的角度，服务员加汤确实慢了（没有马上加），服务员态度确实有问题（她提意见还顶嘴），所以，她理直气壮地把服务员发到微博上，让他到一个更大的空间里去丢人。

五

过去有个说法，说"顾客就是上帝"，现在好像不怎么提了。为什么？

因为上帝与大众之间的关系是不平等的，上帝是膜拜、崇拜的对象，而顾客不是，顾客仅仅是服务的对象。

顾客与服务员之间的关系是平等的，是要互相尊重的。你付钱来消费，我提供服务，是服务与被服务的关系，但我们之间没有人格上的贵贱之分，你不是我的奴隶主，我也不是你家的仆人。

弄明白了这一点，就知道我们须要给予服务员应有的尊重与体谅，虽然"她就是干这个的"。

你当然可以要牙签、开水、餐巾纸，但能不能一起说给服务员，不是一样一样地折腾？

你当然可以要求服务员加汤，但当他没有马上为你提供服务时，你是否应该给予适当的体谅？毕竟他不仅仅为你一个人或一桌人服务，有必要一点小问题就不依不饶吗？

如果我们与服务员之间能够有足够的尊重与体谅，至于一点点小事，就酿成那么大的惨祸吗？

六

2004年出了个著名的马加爵事件。

马加爵是云南大学的学生,因为打牌时与最好的朋友发生了口角,朋友说了戳心窝子的话,说他"为人不好",感到绝望的马加爵把好朋友与其他三位同学先后杀害,同年6月他也被执行死刑。

毁了五个大学生生命的原因,竟然仅仅是一场打牌中的口角,值得吗?

杀人肯定不对,用开水浇人也不对,马加爵已经受到了惩罚,浇开水的服务员也同样会受到惩罚。那说戳心窝子话的同学呢?被烫伤在病床上辗转的顾客呢?

我们从他们身上是否也要吸取些什么教训呢?

虽然慢了一点儿,但服务员还是加了汤,如果女顾客到此为止,不发那个微博,会有后边这一切吗?

古人说"话到嘴边留半句",又说"得饶人处且饶人",古人说这些话不是告诉我们要谦虚、要大度,要给别人留面子;而是告诉我们要知道保护自己,不因嘴不留德而招祸。

招来了祸事,首先倒霉的可是你自己。

这一点,你明白吗?

什么事都要坚持到底吗

一

社会新闻往往充满着煽情和"狗血",少有理性的内容,今天这则是个例外。

在驾校交了五次费,学了十四年驾驶仍然无法过关的王女士,终于放弃了学车的想法。王女士在微博上看到一个"奇葩女司机"的视频集锦,突然意识到自己真的不适合开车,她果断跟教练说,不想学了。

文中介绍,王女士"方向感特别差,只要遇到突发情况就丢掉方向盘捂眼睛……"

二

每天新闻这么多，为什么今天老杜会对这个新闻感兴趣呢？

今天早上，老杜刚刚遭遇了一个奇葩女司机。

因为早上去了一趟殡仪馆，赶回家送幼子去幼儿园就有点儿晚。车到交叉口左转处等灯，前边排了三四辆。这个路口左转灯特别短，各个司机手脚利落，跟得紧，也就能过五六辆车；如果遇到一个慢手，就只能过三四辆车了，要等下一个绿灯，时间又特别长。

眼瞅着绿灯亮了，大家起步，还不错，我和前面的三四辆车几乎一齐往前动，可是轮子刚转五六圈儿，前面停了，大家一愣，然后是前面的车右打方向，好像绕过什么障碍再进入左道。我紧跟前车，到了大家绕行处，一辆骐达刚过斑马线占了半面道停在路口，从旁经过时发现，里面一长发女司机，正俯下身子，右手在脚下找什么。

估计是手机没拿住吧，我想。

三

虽然网络上有关奇葩女司机的各种视频特别多，虽然老杜刚刚遭遇到奇葩女司机，但老杜并不认同"女人不适宜开车"这类的观点。

好像有医学类的专家研究过女人与男人行为模式的不同，并有若干结论。但老杜的同事朋友中，女司机不乏高手。

事实上，如果有人把各地发布在网上的车祸视频有意地归拢一下，同样可以编出一个"奇葩男司机"集锦。根据这个集锦，也同样无法得出"男人不适宜开车"这样的结论。

奇葩女司机让老杜关注到女学员学车，而老杜真正赞赏的是女学员的态度——自己做不好的事情不再坚持，该放下就放下。

这个才是老杜今天想跟朋友们交流的。

四

我们从小就被家长、老师教育做事要坚持、要努力、要持之以恒。"坚持到底就是胜利"是老杜少年时代常喊的口号和随处可见的标语。老师们还举出小混混刘邦屡败屡战，最终打败了西楚霸王项羽的历史故事来证明。

这个真的很有道理，老杜年轻时就没少被这样的故事激励，然后咬牙坚持，最终取得一定的成绩。

可是，这句话是道理不是真理，不能"放之四海而皆准"。

比如这位女学员，她已经学了十四年，交了五次费，即使中间有因故中断，用来学习开车这门技术也实在够久的了。

她可以继续坚持下去，也可能通过给考官送钱等非正常手段拿到驾照。可是，如果这种"遇到突发情况就丢掉方向盘捂眼睛"的司机上路，会把车开到哪里去，恐怕我们的想象力都不够用。

五

老杜从上学开始就是好学生，成绩在班级里排名一直很靠前，就是学不好外语。初中学英语，没学好；到了高中、大学改俄语，还是没学好。到了现在，会说的还是只有中国话。

老杜喜欢外国文学，很想领略外国文学原著语言的美感。可是自知不是那块料，放弃了。

古人说，尺有所短，寸有所长。

我们每个人都有自己不擅长的事，如果实在做不来，也千万不要强逼自己，该放下就放下。毕竟人生很短，能做好的都够你忙活的了，何必太为难自己，把自己的生命浪费在不擅长的事情上呢？

放弃不必要的坚持，用有限的生命做自己喜欢的事，这是老杜对朋友的忠告。

当然了，老杜可不是鼓励你知难而退、见异思迁。毕竟这个女学员已经学了十四年，如果她刚学三个月，我是会劝她再坚持一下的。

防备日常危险，你要有意识

一

老杜的爷爷是教书先生，"文化大革命"中被下放到农村。

小时的老杜曾经在农村与爷爷奶奶一起生活过几年,爷爷喝点儿酒之后,就会从嘴里溜出很多莫名其妙的话。这些话都是一套一套的,以前老杜提到过,有《古文观止》上的内容,还有"闻香试马倚栏杆"之类。

当时老杜不明白,这"闻香试马倚栏杆"什么意思?

爷爷解释说,这是三种要小心提防的日常危险。

所谓日常危险,也就是在日常生活中,常常会不知不觉遇到的危险。

二

比如,闻到特殊的香味儿没在意,等觉得头晕目眩,知道是迷香也晚了。那个时代,骗子会把迷香混在其他香料中,用来迷晕人劫掠财物。

再比如,朋友买了匹马,骑着到处显摆。有年轻的朋友看着眼热,就想骑上试试。

这跟现在的年轻人买辆车朋友就想开两圈儿是一样的。

结果这马认生,骑上去就惊了,一通折腾,把朋友摔了下来,软组织损伤是最轻的,重的是各种骨折,最严重的就是直接摔断了颈骨,找阎王爷报到去了。

再一个就是倚栏杆。

我们都去旅游景区看过各种古建筑,那上面的栏杆都是木头的。

木头上了年头就容易腐烂,栏杆就变得不安全,不小心随便倚上去,就容易摔下来。

这是那个时代的三种日常须要防范的危险。

三

为什么想到了这些陈年往事呢?

因为读到的两则新闻。

2016年1月23日上午,重庆一小区女业主不慎从24楼坠亡。现场有跟该女子同时从24楼坠下的铁质栏杆,栏杆底部已经严重腐烂锈蚀。

同一天,在湖南娄底涟源,一位打手机的女子过马路时,被一辆三轮车撞倒当场死亡。

倚栏杆、过马路,这不是我们每天都在做的事情吗?

可是,两起惨剧,两条人命,都消失在这种潜藏着危险的日常生活中。

四

日常生活中的危险还有很多。

比如正点着煤气炒菜，突然听到电话声，跑去接电话时间稍长，煤气火就上了灶台，烧了厨房；

开车带孩子出行，孩子无意间打开车门，从行进中的车中掉到路上；

在路上骑摩托或电动车，路旁停着的汽车突然打开车门把骑车人撞倒在路上……

这些都是日常我们遇到过的场景，都曾经夺走人的性命。

五

你可以说危险无处不在，谁也不知道意外与明天哪一个先来。

但这是一句无限正确的废话，对我们预防日常危险毫无帮助。

朋友们回想一下，你身边肯定有这样两种人：

一种人总是出状况，洗衣服会在卫生间摔倒，刷碗会弄碎碗盘，上下楼梯会莫名摔跟头，喝水都容易呛到……

还有一种人却让人特别放心，他们从来不出状况，把事情交给他们，不用再担心，不用再操心，他们代表着准确、安全……

当然，这两种人是两个极端，在这两种人中间，是我们无以计数的芸芸众生。

六

无疑，遭遇日常危险的往往都是第一种人，而第二种人出事故的概率则要小很多。

那么，问题就简单了，我们只要努力让自己成为第二种人，就可以避免大多数日常危险了。

第二种人是怎么做到的？

你可以去具体问他们，不过估计收获不会大，他们不会觉得自己有什么了不起。

他们不会去开朋友的新车，也不会不管不顾地跑上楼梯，他们会自然而然地换上不滑的鞋子再去洗衣服或洗澡，也不会在马路中间接打手机……

就是说，他们只是养成小心谨慎的习惯而已。

想想也是，日常危险时时存在，不能每天都如临深渊、如履薄冰、如临大敌，那样生活质量太差、太痛苦，没有必要那样做。

《礼记·中庸》有"戒慎""恐惧"之说，"恐惧"可以不要，"戒慎"却必须有。

我们只要有意识地养成小心谨慎的习惯，就能避免遭遇日常生活中的很多危险了。

为什么总是"祸不单行"

一

2015年大年初二夜里，黑龙江省突降大雪，大雪一直下到初四，而其对道路的影响则一直延续到初六。大雪期间，黑龙江省内多条高速封闭，打乱了人们的返程计划。

于是，这两天的朋友圈里晒出了各种艰难的返程：

有人乘大巴被堵在高速上，一停几个小时。下路走省道，一路上险象环生，终于平安到达；有人弃公路走铁路，结果只有卧铺，两个小时的火车，一家三口是在卧铺上躺过来的，体验了一回当土豪的感觉；有人开着汽车回家，体验了衣锦还乡的荣耀，结果却不得不把车放在家乡，乘火车返回工作的城市。

这些都是幸运的人，虽然一路上艰难险阻、险象环生，但毕竟平安到达、毫发无伤。

还有很多人没有他们幸运，初四下午4点左右，哈大高速上接连发生3起追尾事故，共20辆车连撞，多人受伤。突发的雪情制造的危机最终酿成了灾祸。

二

生活中总会出现我们预料不到的事，民间有俗话"早知道尿炕谁不睡筛子"，说的就是这个道理。

突发事件出现并不可怕，它就好比江堤上的一个小孔，如果能够及时堵住，就能有效控制损失，不会造成大堤崩溃。可怕的是对突发事件造成的危机不能有效管控，手忙脚乱应对失措，从而引发一连串的危机，这种情况，民间俗话叫"祸不单行"。

大年初三，来我家过年的大姐要去双城探亲，本来已经买好了下午2点发车的长途大巴的预售票，可是看了看雪情，我们决定改乘火车。

中午12点，我把大姐送进了火车站的候车室，然后开车去公路客运站退大巴票。客运站工作人员告诉我，他们下午2点的大巴正常发车，因为高速下午3点才封路。我心里嘀咕了一句，你敢发我还不敢坐呢！

当晚，传出高速发生连环追尾事故的消息。

三

电视上常见这样的桥段，孩子或老人急病送医，亲人们知道后纷纷往医院赶，因为着急而慌不择路，或撞了车或被车撞，再然后……一个突发事件引出一连串的突发事件，一个危机引发一连串的危机，造成"祸不单行"的局面。

为什么会"祸不单行"？

孩子急病送医与后面的撞车或被车撞有必然的联系吗？

祸不单行，是我们的操作失误还是命运必然？

让我们把这连串的事件拆开来分析：

第一个危机出现时往往是一个意料之外的突发事件，这个危机是不可预料的，因此人们也就没有应对的准备。

无故加之猝然临之，人们往往会手忙脚乱应对失措。而手忙脚乱应对失措，就容易做错事，从而造成第二个突发事件，这就是衍生危机。

四

双重危机之下，人们更加惊慌失措，频出昏招，这样就可能造成第三个危机，也就是第二个衍生危机。

以此类推，形成"祸不单行"的局面。

这样一分析就会明白，只有第一个危机是我们无法预知、无法预防的。后面的衍生危机都是由我们自己的错误造成。如果我们能够消灭错误,也就能够避免出现衍生危机,也就能够避免出现"祸不单行"的局面。

换句话说,我们虽然不可能完全避免灾祸,却可以让"祸""单行"。只要我们能够对危机审慎应对,有效管控自己的行为。

适时放手是一种智慧

一

周末,主要工作是陪孩子。

天热,预报说最高气温33℃,那也得陪孩子出去玩玩,毕竟孩子一周只有两天这样的机会。

市政府对面的时代广场,是"放"孩子的好地方,地方大,体育器材多,游乐设施多,绿树成荫,还有喷泉、鸽子……

孩子已经6岁了,小自行车的两个旁轮早已经卸掉,他骑起来,一会儿就没了影儿;回头一看把我落下太远,就骑回来,正好与一个大人骑车迎面,心里一慌,摔倒了。

我远远地看见,他自己爬起来,用手揉着膝盖,估计是摔疼了。

骑自行车摔跟头,大家都习以为常,尤其是北方的冬天,冰天雪地,摔跟头更是常事儿。

可是,我很少摔。

二

这么说话明显不谦虚,这一点我感觉到了,不过不怕,老脸皮厚。

说一次我自己的经历。

上中学的时候,我姐姐在庆安工作,每周末回家(绥化)来。她在医院倒班,每次回来或特别早,或特别晚。所以,我跟爸爸常常骑自行车去火车站接她。

一个冬天雪后的清晨,北风凛冽,空气清新。我跟爸爸骑车正往火车站赶，前面右侧路上突然闯出来一辆自行车，如果我们直行，就会撞上他。于是我们本能地急刹，结果是两辆车全倒了，爸爸随着自行车摔倒，滑出去；而我，车倒了，我站着。

那次摔倒时，我注意到一个细节，就是爸爸摔倒，随车滑出去，直到车停住，有一只手一直握着车把。回头想我自己，当车子歪倒的那一刹那，我就把双手松开了。

三

手一松开，我就只需要控制住自己的身体就可以了，失去平衡的自行车倾斜的重心和运行的惯性不再影响到我，所以很容易就能控制住身体平衡。

事实上，骑车过程中，我们的双脚本来离地就很近，当车子倾斜的时候，我们只要让双脚稳稳地踩到地上，再稳住重心，就不会摔倒。

而这一切的关键，就是两个字：放手。当车子即将摔倒的刹那，迅速放手，任车子摔倒，而我们只要立稳双脚。

这算经验吗？

我感觉好像不算，本来我也没觉得这是什么本事。但我受益良多。从初二开始骑车上学，直到高中毕业的五年中，期间车摔倒的时候很多，但我摔倒的时候很少。

四

然而放手并不容易。

我们观察路上骑车的人，他们的重心位置不一样。

有的人是趴在车上骑车，他的重心在车把上，或者在车把与车座之间，这样的人摔倒时就不容易放手，因为重心太靠前，一时调整不了，找不到支撑。

而我骑车时，整个儿重心都在车座子上，这是我读中学时练撒把骑车练出来的。那个年代的少年能够撒把在大街上骑自行车，就已经是一件很拉风的事儿了。记得有一个黄昏，下乡支农回来，我们一大群同学，手里拎着铁锹在大马路上撒把骑车，一路唱着歌，吹着口哨，也是风光无限的感觉。

撒把骑车，重心只能在车座上，而一旦车子倾斜，重心也容易从车座上移到双脚上,所以,很容易就能站住。现在想来,这本事还真是少年时代玩出来的。

五

适时放手,就可以少摔跟头,这道理多简单。可是说出来,却又觉得有点儿深奥。因为知道什么时候该放手,如何才能放手,是最难的一件事。很多时候都是摔倒之后,才后悔当初没有及时放手。

这个道理很普遍,用在很多地方都合适。但我们今天不往远了扯,就说骑自行车。不摔倒的时候,谁能知道什么时候会摔,然后做好准备适时放手呢?

当路边突然窜出一辆自行车,你已经没有思考的时间,一脚急刹,是本能,不是理性分析思考的结果,也不是什么价值判断后的爱心。(现在的一些新闻,往往把人们这种出于本能的应激反应解释为"爱心"。)当大脑里传出"我该放手"的念头,恐怕你已经趴地上了。

放手与不放手,都是本能。我们的竞技体育,尤其是搏击类,每天训练的就是本能,让肌肉在遇到问题时自己反应,不需要经过大脑。因为外部信号反馈到大脑,再从大脑发号施令指挥身体行动,就太慢了。

这么说来,像老杜这样能够知道适时放手,还真是个本事呢!

"丢三落四"的习惯改不了吗

一

2015年2月21日,河南籍男子周先生驱车带丈母娘外出旅游,一行三辆车共十多人,参观完陕西榆林米脂县杨家沟毛泽东旧居后,车上的司机均以为老人上了对方的车,继而驶向榆林,吃饭时才发现把人落在了景区。

有网友戏称"这才是名副其实的丢人了",《华商报》的题目则说周某"摊上大事儿了!"

年年高考，年年有人把准考证忘家里，有人把准考证忘在出租车上，虽然到底是哪个人不一定，但这个肯定有。

不只高考生，也不只周先生，现实生活中丢三落四的人比比皆是，下楼到车库，发现没带车钥匙；出门逛街，付款时才发现没带钱包；在景点旅游，走着走着一转身，同伴找不着了……

二

什么是丢三落四？

为什么会有这许多人丢三落四？

据《成语辞典》，丢三落四是形容因做事粗心或记忆力不好而顾此失彼。

具体分析则包含两个方面：从心理角度分析，丢三落四属于无意识的信息遗漏；从行为角度分析，则属于进程中的行为失序。信息的遗漏使人意识不到被遗漏的人或物；行为失序则使人无法有计划地行动。

有人说，这是病；又有人说，就是没养成好习惯。原因到底是什么，目前还没有哪项科学研究能够弄得清楚，所以，我们不在这里纠缠。

找不到病因不等于不能治病。

我想谈的是，用什么方法解决丢三落四的问题。

三

我年轻时做过几年秘书，又干过很长时间类似办公室主任的工作。对于张罗团队出行、结伴出游、大规模集会等集体活动有一些经验，下面说说我在这方面的经历。

一次单位出游，两辆大客车，共80人，13个孩子，67个大人，男42人，女38人，同事62人，家属18人……

长途远行，要在服务区休息、午餐、晚餐，如何保证这一路上不出问题？当时组织活动的几个年轻人在一起讨论，无关的不说，单说如何保证每一次休息之后不把人丢在服务区。

有人提议，设专人负责，两车各设一名车长，每次出发前查人数，多少男，多少女，多少大人，多少孩子，然后两车核对无误后发车；有人提议，让大家互相负责，车上乘客要固定座位，上车之后，看好前后左右，一路上不许串座，每次发车前，让大家互相检查，看看周围少没少谁。

大家说的都挺有道理，又都没有组织活动的经验，于是不怕麻烦，两个方法都采用，两车都设了车长查人数，又通知大家固定座位，互相检查。

四

结果，在第一个服务区就乱了套。

A 车的人到 B 车上打扑克，不回 A 车；B 车上的孩子要跟 A 车的孩子一起玩儿，上了 A 车不下来。怎么办？出来玩儿本来就是为了大家高兴，总不至于把领导搬出来训大家一顿吧？

张罗事的几个人临时商量，干脆，不管大人小孩，不管同事家属，查人头，A 车 42 人，B 车 38 人，合计 80 人，够数，出发。

于是一路上，无论是服务区休息，还是午间晚间聚餐，一律以"头"为单位，休息后发车，人数只要达到或超过 40 就发一车，剩下的那辆装剩余所有人，只要两车总数是 80，剩下那辆就出发。

一张桌不论大人小孩，一律 10 人，凑齐就开席。结果路上 10 个小时的漫长征程，只在第一个服务区耽误了 20 分钟，然后一路顺利。

五

这次经历看似简单，却让我们这几个当时的年轻人懂得了一个道理，那就是化繁为简，用最简单的方法归类，最终的结果越简单，越容易记忆，就越能够避免出现丢三落四的现象。

如果需要计数的是人，那就可以按"头"算，忽略男女，忽略大小，忽略其他身份，只计"头"数，出发时多少"头"，路上一律查到这些"头"数，就可以了。

若是东西，比如箱、包，可以忽略大小，忽略品类，只查件数。出发时几件，路上只计几件，中间如果打开，也要及时再装好，不要节外生枝，拆大并小。这样就不会丢三落四。

俗话说，"人上一百，形形色色"。确实有的人心粗，有的人心细。但不管心粗心细，查数总是能查得过来的。只要数出一个最初的数字，然后一路上都按这个数字核对，别说丈母娘那么大个活人，就是蛐蛐，少了一个也会发现的。

别吵吵！我们仅仅是习惯性违规

一

从西安返回，乘的是云南经停西安，然后飞哈尔滨的飞机。

到了登机的时间，登机口左右站两个队，左边的是西安飞哈尔滨的乘客，右边是云南飞哈尔滨的乘客。

通知右侧的拿粉色登机牌的乘客先登机。两个中年妇女（只能算是中年，因为看相貌，比老杜老不了多少），原本站在左侧队伍的后方，看右边的队伍短，而且已经开始登机，其中一个拉着另一个就排到了右侧队伍的后边。

后边的提醒前边的妇女："这个不是，咱们的登机牌是蓝色的，应该在左边。"

前边的妇女扒拉她一下："别吵吵。"

两个人到了登机口，自然被拦住了，工作人员再一次强调，右侧是过境旅客、持粉色登机牌的乘客登机，两个人灰溜溜地回来，站到了左边队伍的最后。

二

登机后，我坐43A座，右侧是一对老年夫妻，头发泛灰，却都没有老杜白头发多。

"老师傅，干啥来了？"老太太跟我搭讪。

这时正在通知扶直座椅靠背、系安全带，飞机马上就要起飞。我发现她没有系安全带，就说："把安全带系上。"

"系那玩意儿干啥，怪难受的。"老太太说着，把安全带虚放在腿上，以应付空乘人员的检查。

飞机在空中飞了一段时间，估计差不多快到了，老头儿说："快到了吧？"

"我看看时间。"老太太说着，从兜里掏出手机看了看。

"你怎么没关手机？"我问。

"别吵吵，让人听到。"老太太说着又麻利地把手机塞回兜里。

我说："机上的规矩，比如系安全带，比如关手机，不是没用的规矩，是为了我们安全。你开着手机，手机的无线信号就可能干扰到飞机上的仪器信号，就可能威胁到我们的安全。"

老太太翻了我一眼，想一想，不情愿地把手机掏出来，关了。

三

飞机上是对号入座的，早上晚上没有差别；手机关着与开着，也不差乘机这两三个小时。

无视排队的规矩，无视关手机的规矩，其实对他们自己没有任何实在的益处，不关手机反倒会产生潜在的威胁。

他们为什么要这样呢？

西安交通很拥挤，主要路口都有老年的协警帮助维持秩序。有一些骑电动车过马路的人，不肯退到等待区域，而是把电动车横在路面上，阻拦了另一个方向人车的通行。

协警过来干预，他们或是不理不动，或是仅仅象征性地挪一点点。

因为他们停在了另一侧车人通行的路上，因为着急通过路口，每辆车都有点儿急，还要躲着横在路上的他们，如果一个操作不当，他们自己首先是受害者。

老杜站在斑马线的一端，亲眼看着一辆客货车在冲到几乎触到电瓶车的地方刹住，那刺耳的刹车声让所有人的心都揪紧了。

停在违规的地方，无视协警的劝说，冒着被车撞的风险，他们为什么要这样呢？

四

幼子喜欢肯德基的小小滑梯，又喜欢吃那里的薯条，所以就偶尔带他去一次。

因为正在饭点，排队的人比较多。

一个带着孩子的老太太直接走到柜台前面，跟点餐的服务人员说要什么什么，小小的孩子在后边拉老太太的衣襟，"奶奶，老师说排队。"

"别吵吵。"老太太没回头，回手打掉了孩子的手，接着跟点餐员说要什么什么。点餐员无奈地看了看排在最前面的我。

我低头看看那愣愣地站在后面的小东西，冲他笑一笑。

老太太买完了食物，带着孩子找位置坐，孩子明显更喜欢玩滑梯，进了"淘气堡"不出来，与老杜的幼子在里面你追我赶，并不着急吃东西。

我们都是带孩子来玩滑梯的，顺便给孩子买点儿吃的。我们都不缺少时间，所以，她的违规插队完全没有必要。

她又为什么要这样呢？

五

按经济学的原理，人都是理性自利的。作为理性自利的人，我们做什么，肯定会理性地选择对自己有利的方式方法。

可是上面举的这些例子，没有一个从自利的角度说得通的。他们违反着规矩，做着不仅侵害别人而且可能伤害自己的事情。

他们为什么？

据老杜的观察，很多中国人是本能性地违反规矩，他们的行为源自一种惯性——违规的冲动，而不是或不全是理性自利的考虑。

为什么说中国人有违规的冲动？

这冲动从哪里来？

六

五四运动以前，维系中国社会基础关系的是儒家的纲常伦理和千百年沿袭下来的乡约民俗。

从五四运动开始，中国人向西方学习，开始了现代化的进程。改革开放后，直到现在，改革的呼声一直在响，这是历史的进程，没有什么不对，没有什么不好。

我认为，持续一百多年的有意识地大规模地对规矩、对制度的变革，客观上造成了人们对规矩缺少应有的尊重与敬畏。

正因为人们从心里丧失了对规矩的尊重与敬畏，所以在今天的中国，违规才成为一种习惯性的冲动。人们基本上可以说是不假思索地违规，而不是认真地考虑违规的后果。

现在网上有种种车祸现场的视频，大家看看就知道，这些车祸里面，总有人在违规，或是违规闯灯，或是违规超车，或是违规横穿马路。

用生命的代价去违规，理性自利的人是不会这么做的。问题在于人们的违规已经成为惯性，他们已不去思考违规的成本与代价。

医患之间的信任多重要

一

一个人牙疼去医院看牙,治疗的结果是,肿了的牙清了淤血,消了炎;另一个一点不适感没有的牙居然打了麻药用钻头打洞拔了神经。

这件事你怎么看?

如果这是一个陌生的医生,不管当时你觉得她说得如何有道理,回头一想,你会不会怀疑她是个骗子,为了骗你钱而钻了你的好牙?

这个问题老杜问了三个人,有两个人都说可疑。

这就是我们目前医患关系的现实。医生与患者之间已经没有基本的信任,所以,不管医生怎么做,患者都会怀疑。

二

其实这件事是老杜最近的经历。

老杜一颗老牙糟烂不堪,早就该下岗。可考虑到成本问题,就想让它延迟退休。就这么拖着,直到它发炎红肿影响了吃饭、影响了心情、影响了周边牙齿的稳定,老杜才不得不去找专业人士来"维稳"。

这专业人士是一名老杜熟悉而敬重的牙医,熟悉这位牙医是因为母亲的推荐。一位70多岁的退休老太太去她那里治牙,得到了她悉心的关照,所以妈妈跟老杜说,她不仅是个好医生,还是个好人。

老杜找到她,一番检查之后,她说,后边那颗牙肯定得拔了,然后再镶一个;你这前边还有一个牙周边已经坏了,需要处理。

我说,牙虽然是我的,但怎么治,你说了算。

这不是什么场面话,而是最最实在的患者与医生之间的对话。治病的事,医生才专业,作为患者的我们,不听医生听谁的?

三

然而现实早已经不是这样。

最极端的例子就是2016年5月8日，汨罗市人民医院，一名护士在手术室清理手术室医疗器械时，捡到一位病人的遗书，遗书中称，如果手术意外导致死亡，医院最低赔偿30万元，否则遗体不移出医院大门。

这个例子老杜以前说过。它是我们医患关系恶化程度具有标志性意义的例证。这份遗嘱，有望写进中国医疗史。

四

老杜年轻时在医院工作过几年，后来自己或家人身体出了问题，总是去这个自己最熟悉的医院，找自己最熟悉的医生。

有一段时间家里老中少三代接连出状况，老杜天天在医院里出没，睡不好吃不及时，再加上着急上火，自己身体也出了点状况。恰好遇到一位熟悉的主任，就拦住他，跟他说自己哪儿有什么状况，是不是出了什么什么问题。

"这算啥事？四十多岁的人了，都有，我也有。"主任说。

"那怎么办呢？"

"没啥办法，挺着呗。"

我以为他在开玩笑："就这么挺着？"

"那就挺着呗。"

这嗑没法往下唠了，一时弄得我好尴尬。我想，难道是我以前得罪他了？

五

后来，我去找另一位大夫——我的好朋友。

他让我趴床上，在后背点按找到痛点，跟我说是因为我的工作久坐造成的损伤，通过适度活动就能缓解，但除非完全改变生活习惯，否则确实无法根治。

后来我就按他教的方法，注意调整，这个毛病就基本没有再出现。

我跟一位同是医疗系统、对这两个医生都非常熟悉的朋友谈起这件事，朋友分析说，在无法根治这一点上，两个医生的说法是一致的，只是那个主任不太会说话而已。

而我，作为一个患者，在意的是如何解决或缓解我的病状，不是从科研的角度跟医生探讨这个病能不能根治。

六

一个患者到医院来，有病求治，他自己首先就有一种与医生建立起信任关系的主观意愿，可是这个主任的谈话方式让我本来就已经有的对他的信任也失去了。

医患之间的信任关系，是医生行医的基础，是患者求治的前提。没有信任，医生做什么都可能是错的；没有信任，患者病好了也不感谢医生。

医患信任关系的建立，需要医患双方共同的努力，但主动权却在医生这一方。牙医因为对老杜母亲的悉心关照而与老杜建立起了信任关系；主任因对老杜问题不着调的回答而失去了老杜的信任。

七

这关系的营造更需社会大环境的配合，不是医生或患者哪一个单方努力就可以达成。

社会大环境，就是所谓医疗的机制、体制、利益分配、改革方向等问题，这个是水、是空气、是土壤，只有这个环境适宜，医患之间信任的种子才可能生长。

否则，全凭个别好的牙医或儿科医生或骨科医生的个人努力，也只能建立起与老杜母亲及老杜个人之间的小范围的相互信任关系，想达成整个行业与社会关系的和谐，那是难以做到的。

救命何以成追命

一

俗话说，皇帝不急太监急。

这话什么意思？

皇帝是主事的，太监是帮忙的。主事的不急，你帮忙的瞎急什么？

所以，这话又有一个更直白的说法：该急的不急，不该急的瞎急。

大周末的，为什么想起说这个？

因为一则新闻。

2016年7月22日，在抚顺长春街附近发生一起严重的交通事故，一辆120急救车与公交车相撞。120急救车前半部损毁严重，车内人员被卡。消防官兵紧急救援。目前已知120急救车内一名患者及一名家属死亡。据现场目击者称，公交车在信号变更时急刹车，紧跟在后的急救车刹车不及，导致追尾，最终酿成悲剧。

二

从报道中我们了解到，这是在闹市区，被追尾的是公交车。

闹市区的公交车能跑多快？固然公交车在城市马路上是讨厌的角色，抢道、占道等是常规动作，但是，它的速度却是怎么也快不起来的，尤其是在灯岗附近。

所以，公交车遇红灯急刹，抑或是想抢灯发现抢不过去而急刹，也急不到哪里去。

而后面的急救车，撞击力是相当大的。这说明什么？力度来自它自身的撞击，就是急救车相对速度快。有如此撞击力的急救车，如果不是刹车系统出现故障，那么，就是司机操作问题了。

三

急救车，救急的车嘛，当然急！

我们大家想当然地这样认为。而且确实，急救车可以违章、占道、闯灯、逆行，这一切大家都可以理解，因为时间就是生命，抢时间是为救命。

2013年初春，老杜的母亲在天津救治无术，乘急救车吸着氧气转北京协和医院，高速约100多千米，再加上市内道路，在200千米以内，车费是天价的3000元。

大家脑补一下，从繁华拥挤的天津市区天津肿瘤医院，到北京中心城区长安街上的协和医院，如果你想开着私家车走一趟，得多少时间呢？

老杜妈妈的急救车一路上闯灯、抢道、占道、穿空，两个多小时就从后门进了协和医院。

一路上的飞奔和闹市区的穿行抢行，违章频频，能够短时间安全到达，其原因不仅仅是社会制度的关照，普通大众的礼让，更有操作者高超的驾驶技术，和遇事不慌又能抢抓机会的良好心理素质。

四

最难的，当属这遇事不慌又能抢抓机会的良好心理素质。

送妈妈进京的路上，高速都拥堵。老杜的妈妈因疾病在担架上躺不下、坐不住，备受折磨。

但老杜一句话也不敢催促司机，因为他手里掌握的是全车人的安全与生命，快速抵达固然重要，如果不能安全，快速就没有意义了。

而大部分的急救患者家属做不到这一点。他们会"快、快、快""师傅，再快点儿""快点、快点，我妈不行了，快……"一连串儿不住声地催促，成为司机耳边最讨厌的噪声。

驾驶汽车、判断路况、寻找机会、快速行驶，急救车司机在做这些事情的同时还常常要承受耳边的"噪声"。这些，恐怕是许许多多的患者家属没有想过的。

五

我说这些不是在为急救车追尾找道理。

追尾事故发生，后车肯定负主要责任。庞大的公交车不可能看不到，前面是有灯的路口不可能看不到，那么，为什么还会有这么大力量的追尾呢？

着急心态下的判断失误与手忙脚乱。

以为公交车会抢过灯岗，所以自己也就跟着抢过去。结果公交车急停，而急救车冲击力太大，直直撞了上去。

司机为什么会急呢？

这话好像是废话，车上有人生命垂危，谁能不急呢？

家属着急是有道理的，因为亲人命在旦夕。

可是家属再急，司机却不能急。因为一车的人生命安全，在你手里。

没有了安全这个保证，你的快速就不是救命，而是追命了。

六

本文开头说皇帝不急太监急，这个肯定是太监的错。

可是皇帝急了，太监该不该急呢？

其实也不该急。太监只能嘴上急，手脚上急，心里还是不能急。

心里一急，忙中出错，把事儿办砸了，太监下场如何呢？大家可以用各种宫廷剧脑补一下。

这个道理应用到急救车上，说的就是不管家属多么急，司机不能急。安全而快速地抵达医院，是你唯一的工作目标。

如果为了速度而做不到安全抵达，你的救命就成追命了。

这个交通事故就是这样。

加冰不加冰，差别在冰块吗

一

带孩子去超市买东西，孩子渴了，就去快餐店买杯饮料。孩子胃不舒服，不能喝太冷的东西，老杜跟服务员说，不要加冰。

结果饮料端回来，打开盖子，里面漂浮着几个冰块儿。

拿着饮料去找服务员，服务员看了看杯子里漂浮的几块冰，斜了老杜一眼，把杯子里的几块冰捞出去，又递了回来。

接不接？

老杜要不加冰的饮料，现在饮料里没有冰了，有什么理由不接呢？

如果接过来，这是老杜要的不加冰的饮料吗？

"太矫情了吧？"读到这里，有多少年轻的朋友是这么想的？

可是老杜不得不矫情，因为孩子喝不了太凉的饮料。

所以，老杜没有接，并再一次强调，我要不加冰的饮料。

另一个服务人员，估计是个班组长，看了老杜一眼，说给他换一杯吧。

于是服务员给老杜又接了一杯饮料，盖上盖子递过来。两个服务人员，再没看老杜一眼。

二

饮料加冰不加冰，区别是什么？

是杯子里有没有冰块吗？

是又不是。

或者说，表面上是，本质上不是。

饮料里加冰不加冰，本质上是个温度问题。加冰的饮料要比不加冰的温度更低，这个才是根本区别。

服务员在老杜的饮料里加了冰，降低了饮料的温度，不能给孩子喝了。

后来虽然把冰块捞了出来，可是饮料的温度已经降低了。这就是捞出冰块的饮料跟不加冰的饮料的差别。

现在，你还认为老杜矫情吗？

三

想起老杜当记者时的一件事。

1996 年，老杜报道了一个消费者维权的案例。一对老年夫妇买了个冰箱，压缩机里总有异响，修了几次，解决不了问题，经销商拒不退换货。

消费者找到工商部门，前前后后折腾了一个月，终于给换了一台合格的冰箱。

工商部门把这个案例推荐给传媒，希望宣传一下。报道见报后，老太太给老杜打来电话表示不满。因为一个媒体报道时说收到新冰箱时老夫妇"兴高采烈"地向经销商表示感谢。

老太太说："我耗费了一个月的时间，多花了不少的路费，才要回来本来就属于我的东西，我有什么兴高采烈的？你们记者能不能不瞎说？"

后来，老杜跟同事们聊起这件事，有同事说"这也太矫情了吧？"也是因为这句话，让"矫情"的老杜想起这件事。

四

快餐店的两个服务员肯定认为老杜矫情。他们虽然给换了饮料，不是因为他们认为自己做错了，而是不想跟顾客"较真"。

老杜的同事也认为，已经收到了合格冰箱的老太太不应该在新闻报道的字眼儿上"较真"，毕竟，她的问题已经解决了。

可是，老太太在意的是："我是受损害的一方，而经销商是加害的一方，我付了钱他却给我一台不合格的冰箱。哪有受害者'兴高采烈'地向加害者表示感谢的？"

因为不能从当事人的角度思考，不能弄清问题的实质，很多事件的当事人会被指为"矫情"。

老杜想要的是"常温"的饮料，老太太应该在一个月前就得到合格的冰箱，所以，快餐店给老杜换饮料，经销商给老夫妇换冰箱都仅仅是做了他们该做的事而已。

想明白这两点，就知道服务员可以捞出冰块，却不能提高饮料温度；经销商可以给换台合格的冰箱，却不能弥补老夫妇损失的一个月的时间，消费者不是矫情，经营者也不值得感谢。

第五章
关于城市的是是非非

城市是典型的人造物，因人而生、因人而兴，也因人而败。它的大小都只是为了适应人的需要，并不是越大越好，越小越不好；也不是越大越幸福，越小越不幸福。

不提供机会是城市最大的失败

一

"十一"黄金周，有朋友从南方回来，一起聊了聊他的工作经历，很有意思。

朋友原来与老杜生活在一个城市，因工作交流而熟悉，成为朋友。后来朋友找到机会，雁南飞了。

在南飞的这三年里，朋友换了四份工作，从营销策划到人力资源管理，而今在一个企业做中层，他给老杜的感觉是一直处于动荡中，让老杜挺为他担心的。

谁知当老杜说到这些时，朋友却笑了。他说，你错了。我虽然工作貌似很动荡，其实从来没有过在这个城市工作时的那种对前途的绝望与对失去工作的恐惧。我的问题，仅仅是判断与选择。

二

朋友说，南方市场经济发达，民营企业多，中小企业多（人家的小企业不是我们的食杂店级别的企业），很多企业都需要有本事的人。这个有本事，不一定是什么大本事。有的企业需要司机，你有驾照就是本事；有的企业需要夜班工作，你能熬夜就是本事。

你有一技之长，恰好有企业需要，就是本事。

比如我，搞过宣传，客串过记者，张罗过活动，那么，这些就是我的一技之长，企业的策划、公关、接待、客服乃至文案我都能马上上手。

所以，当我在一个企业做出成绩时，就会有另外的企业来挖我。我衡量一下，比较一下，看看哪个企业机会更大，待遇更好，就去哪里。我这三年换四份工作就是这么换的。不是今天在这个企业辞职，明天上大街或人才市场挨家递简历。

三

这几年东三省发展速度全国居尾，很多人都窝在身陷困境的国有企业里。辞职，找不到工作；继续干，拿不到收入，看不到希望。

朋友们聊起来，话题往往是某某到北京，混到了一个互联网企业的中层，某某到深圳，与人合开了个公司之类。我的这位朋友，也是我们朋友圈子里常常聊到的话题。

大家往往聊着聊着就从羡慕别人过渡到鄙视自己，说自己没本事，没有一技之长，没有勇气走出去之类。

朋友回来，我跟他聊起这些趣事，他却认真地对我说，事情不是你们想象的那样。

四

朋友认为东北最大的失败，不是失败在没产业，而是失败在没机会。没有产业可以开发、可以创造，没有机会人们就只能离开。就像美国的底特律。

底特律是一个著名的城市，它20世纪前半叶出名是因为它是美国的汽车之都，后半叶出名是因为它的衰退与破产。

底特律是因为汽车业的发展提供大量的就业机会而兴盛，也是因为石油危机导致汽车工业衰退，使大量就业机会丧失而萧条。而现在的东北，恰恰就是这样。东北的经济一直靠国有大企业一股独大支撑，大油田、大煤矿、大森林、大农粮。一旦国有大企业出现问题，经济马上全面衰退。

在老杜生活的城市，曾经把投资千万元以上的项目开工率达到60%当作一个好新闻来宣传，而老杜却对居然还有40%不开工心里一凉。

五

小到一个城市，大到一个地区，它的失败都不是失败在没有产业，而是失败在没有机会。

南方也总有企业关门破产，但是，市场经济发达，机会多。破产企业的员工会自己到市场上找到新的工作，不会窝在企业里等着救济。

而北方则不然，比如黑龙江省最大的煤炭企业集团龙煤集团，已经连续亏损了几年，一亏几亿元，可是企业的员工却都窝在企业里。

难道龙煤集团的几十万人都没有一技之长？

当然不是。市场经济不发达，没有民营企业提供源源不断的岗位，你让企业的员工去哪里就业呢？

最近有消息说龙煤集团要分流十万人，这十万人需要有多大的市场去容纳呢？黑龙江有这么大的市场吗？朋友说他很怀疑。

六

有人说东北人天生懒惰，有人说国有企业专养懒汉，东北国有企业多，所以懒汉多。

老杜认为这话不对。朋友的提醒让老杜认识到，那些窝在半死不活企业里的人们，他们不离开不是没有本事，而是缺少机会。毕竟，不是所有人都能撇家舍业雁南飞。

于是，大量的有着一技之长的人无法就业，只能窝在企业里等靠要，反倒成了企业和政府的负担。

想明白这一点，那么振兴东北的关键点就不在振兴国有企业而在发展市场经济。因为有些国有企业，比如采矿类企业，随着可采矿藏的减少，衰退不可避免，它们的衰退能够延缓，却无法扭转。

要想振兴东北，根本在于培育市场经济，给民营企业以机会，让自由经济自由生长。机会创造企业，企业创造机会。从而形成良性循环。

如果再一味地在国有大企业上下工夫，把更多的资源投给他们，市场经济必然更加萎缩，东北振兴，怕是越来越遥远了。

不逃离就会被腐蚀

一

1998年，老杜开始接触招收培训新入职的大学毕业生的工作，直到现在，断断续续十几年。

从最初的一次只招两三个人，到曾经一次招几十个人，各种各样的面孔，各种各样的心态，甚至有大学生为了入职，假装喝酒撒疯博同情，我都经历过。

大浪淘沙，一波一波的年轻人来来走走，最多时30多人一起进来，留下只一两个。

新闻行业是个竞争激烈的行业，他们几乎每天都面对着竞争，面对同一个新闻，同行之间要竞争，看谁写得好；在同一个部门，同事之间要竞争，看今天上谁的稿；部门之间要竞争，看领导表扬了谁的版；传媒之间要竞争，看谁更有市场竞争力……

各个层次的竞争，时时刻刻激励或逼迫着从业者。

也正因为新闻业的这一特点，老杜以为，这个职业最能考察一个年轻人是否实现了个人的现代化。

二

曾经有一个入职考试成绩非常好的大学生，做新闻很有想法，又有自己的独立见解，第一次独自出去采访，他就结合自己的专业知识，写出了超出我们预料的好文章。

领导们都很看好，准备让他实习一段时间以后，自己开辟一个与他专业有关的专版或专栏。他本人也积极地谋划着。

可是，很突然，他却在实习期未满就辞职了——家人给他找了个某某局坐办公室的工作。

后来，他还偶尔到报社来坐坐，讲讲机关工作的无聊，又显摆显摆他的清闲。

像他这样从胜任的新闻岗位上离职，去就一个机关或企业的无压力工作的人，即使是新闻业最红火风光的时候，也几乎每年都有。

三

他们为什么会这样呢？

20世纪八九十年代，整个社会都有一个共识，就是要通过现代化让中国富强起来。而作为个人，则必须使自己现代化，才能适应现代化的中国对个人的要求。所以，人们的方向明确而统一。

而这一波浪潮过去之后，现代化这个词汇渐渐被人们淡忘。尤其是当社会特权横行、利益板结，人们发现实现个人的现代化已经不是获得幸福的唯一可靠途径，拼爹、送礼、走后门等方法同样有效。尤其是在现代化程度不高的地方，可能还更有效。

既然目标是幸福，那么，怎么容易达到目标就怎么办吧。于是在家人的规劝下，他放弃了个人奋斗的努力。

你能怪他吗？

四

20世纪的非洲，出过一些著名的独裁者，如肯尼亚首任总统肯雅塔、科特迪瓦首任总统博瓦尼、曾经的扎伊尔总统蒙博托等。

这些人都有西方文明社会的背景，肯雅塔曾在苏联和英国学习，博瓦尼当过法国的部长，蒙博托服役过比利时的军队。

可是当他们一旦上台成为执政者，无一例外地选择独裁这种最不文明的执政方式。

一个文明的人执政，并不一定能够把社会引向文明。

同理，即使是已经现代化的人，也不一定会始终坚持走现代化的路。他们会根据现实情况，选择一条对自己最有利的道路。而成为现代化的人，仅仅是其中的多个选项之一。

五

个人的现代化，包括心理、思想、态度、行为诸方面，而这些方面，又无一不受到环境的影响。

一旦环境并不鼓励个人的现代化努力，致力于个人现代化的青年人在社会上得不到应有的回报。那么，其结果或者是这些青年人不甘堕落，逃回北上广；或者是随波逐流，被这一环境内的小圈子价值观或亚文化所征服。

况且，能够逃回北上广并扎根立足，不是每个人都能够做到的，大多数的青年人会选择放弃个人的现代化努力，认同这一环境范围内的亚文化。

毕竟人是要融入群体的，只有在群体中人才有安全感。

为什么他们痛苦却不离开

一

凌晨，正想刷个朋友圈就睡觉，看到有"北漂"在朋友圈里抱怨："这样的日子，啥时是个头儿？"

马上，下面就有朋友凑热闹："撂挑子，不给他干了。"

老杜也在下面凑趣："白扯，明天睡醒，又屁颠屁颠地忙活去了。"

虽然是凑趣，我说的却也是真话。

有多少漂在北上广的朋友，或焦头烂额，或筋疲力尽，或走投无路、濒临崩溃时候，都有过"啥时是个头儿"的疑问，也都有过"撂挑子不干了"的决绝。

可是，真的是第二天一觉醒来，又屁颠屁颠地忙活去了。

二

为什么会这样？

北上广并不是他们的家乡，他们为什么不离开？

记得是2013年的时候，社会上有过一阵子"逃离北上广"的风潮，一些人把小城镇的生活描写成田园牧歌，勾引那些在北上广住地下室、工作没日没夜、没光没亮的青年才俊们逆流动，到二三线城市就业、创业。

可是，一年以后，媒体再提"北上广"，却不是"逃离"，而是"逃回"。

逃到二三线城市的青年才俊们发现，压力小了，机会也少了；竞争没了，前途也没了。于是，他们不得不又"逃回"北上广。

三

英国著名作家狄更斯在小说《双城记》中说："这是最好的时代，这是最坏的时代。"

他所描述的时代是大革命前的法国，当时社会上充满着新与旧的矛盾，充满着变革气息，既充满痛苦又充满希望。

与此类似的话还有一段："如果你爱一个人，那你就送她去纽约，因为那里是天堂；如果你恨一个人，那你就送她去纽约，因为那里是地狱。"

这段话出自20世纪90年代的一部电视剧《北京人在纽约》，据说，这是美国的一句俗语。

为什么这么说纽约呢？

因为纽约是美国竞争最激烈的地方，这里生存最艰难。

纽约又是美国机会最多的地方，这里最有可能实现梦想。

四

今天我们所身处的时代恰恰是一个大变革的时代,中国不可遏止地大国崛起,经济深度融入世界,移动互联时代已经到来,四海一体,信息即时互通……

这一切不仅给中国人打开一个全新的世界,也给世界一个看不明白的中国。

你可以说前途光明,也可以说前途莫测,都对,证据都充分。

但这都不重要,重要的是这个时代变化快、机会多,让追梦的人们有机会去实现自己的梦想。

而对于这些追梦的人们,哪里是中国的纽约呢?

北上广。

五

老杜曾在一篇文章里谈论起北上广与二三线及小城市的优缺点,当时这个北漂朋友留言说:"小城市,弱爆了。"

这个北漂朋友是老杜相当佩服的几个读书的朋友之一,他的阅读量与对作者观点的准确把握,让老杜望尘莫及,属典型的青年才俊。

他这样的人如果窝在老杜工作的这种小地方,不但学问无所用,还容易因智商太高、情商太低而招祸。所以,老杜特别能够理解他们为什么一定要逃回北上广。不那样,他们不仅不会实现自己的梦想,更有可能被沉闷压抑的气氛逼疯。

一个能够让你发疯的城市你会留下吗?

当然不会,所以要逃回北上广。那里虽然有痛苦、有压力、有折磨,但是,那里还有希望,还有机会,而这希望与机会,激励他们承受一切痛苦、压力和折磨,为梦想打拼下去。

车流拥堵与商业聚集

一

北京要开征拥堵费,大造舆论。今天,老杜就自己所生活的城市中心商业区的情况，来谈一谈拥堵费与商业聚集的关系。

1999 年春节放假，老杜闲在家里无事，天天上顿肉下顿肉，吃得不消化，晚饭后就出去散步。

北方的春节，冰天雪地，天黑得还早，也无处可去，就过了马路，到对面一栋闲置的建筑门前雪地上踩出一溜脚印儿。

这建筑已经闲置了几年，说门可罗雀那是一点儿也不夸张。

后来，天天上班下班，总能瞥见我的那一溜脚印孤独地留在雪地里，直到积雪化尽。

2001 年，这栋建筑里开了一家商场，叫大商新玛特，这个名字，在今天的大庆那已经是商场的代名词，它把开架售货带进大庆。可是在当年，它还是个新来的"同学"，不被大家所接纳。

二

开业的时候，老杜去了，商场很漂亮，可是没有顾客；很长时间以后，依然少有顾客。那个时候，全大庆效益最好的商场叫百货大楼，即使到今天，这依然是一个好商场。

记得那时候的一个细节，就是新玛特的滚梯都是反着开的，从四楼乘滚梯下楼，下到三层，旁边的电梯不是下行的，而是上行的；顾客要到二层，得在电梯周边的商家柜台间绕一圈儿，绕到后面才是到下一层的滚梯。

这叫什么？叫人为增加顾客在商场内驻留的时间。而那时的百货大楼，一到周末或节假日，人多得全体领导都得到滚梯边帮助维持秩序保安全。

就是这个大商新玛特，现在已经成了大庆最繁华商圈的核心。围绕着它，各种大大小小的商业体汇集在这里，形成一个新玛特商圈。

三

现在，由于过度繁华，它的周边常常交通拥堵，几年前就已经变成单行道了。

如果说，有那么一天，大庆也要收拥堵费，那么，就一定是这里。

所以，我们可以通过剖析它的形成，来理解商业聚集与拥堵的关系。

这个新玛特商圈是自然形成的吗？

不是，也是。

说不是，是因为这个地方作为商业中心是政府规划的结果，早在 20 世纪

90年代，这一片地方就被政府规划为大庆商城，启动项目是一个水上乐园项目叫龙宫，后来龙宫因为种种问题被拆除，这个商业区就没有启动起来。

而大商新玛特则是二次启动的龙头项目，这次，成功了。

当时，为了启动成功，有关部门还把公交枢纽站迁到它旁边以增加客流，确实是下了很大的工夫。

它旁边还有一条金融街，两旁是各种银行。可是银行是撑不起商圈的，而且如果银行过多，还会败坏商圈。

为什么？

一个重要原因就是银行都是晚上五点关门，一片漆黑的商圈，能是红火的商圈吗？

四

有商业，还要有客流，有卖有买才红火。

为了增加客流，新玛特周边开发了几个楼盘，包括不成功的龙宫也拆了建高层，现在，龙头商家有了，客流有了，交通方便，这个大庆商城商业区实实在在地红火起来。

大商新玛特，作为大商集团的大庆店，它的单店效益达到了全公司最优，仅2015年上半年就实现将近10亿元的销售收入。

龙头牵动，政府扶持，这一商圈红火以后，各种大小商家也主动汇集到新玛特周边，于是交通拥堵不可避免。

几年前，交通部门已经把新玛特周边的路变成单行道，并几次规划停车位。本来为了增加客流而设置的公交枢纽站早已经迁走，原址建起了带底商的高层，这里变成了大庆最繁华的商圈，也变成了交通最拥堵的商圈。

五

前面我说这个商圈不是自然形成的，因为是政府规划扶持的结果。但是当商圈红火起来后，又带动了其他商家的集聚，这是典型的市场行为，这就有自然形成的成分了。

所以，可以说，大庆最繁华的大商新玛特商圈，就是政府与市场共同创造的结果。

而现在回过头来看，当初为了制造商圈而规划的金融街，此时却起到了平衡客流的作用。因为它们忙碌的时间都是在白天，当商圈华灯初上，消费者大量涌入的时候，已经关灯歇业的金融街，恰恰在一定程度上缓解和稀释了新玛特周边的人流车流压力。

想象一下，如果离新玛特一街之隔的地方，就是另一个大型商场，那么，这个商圈会拥堵成什么样子？

六

要收拥堵费的是北京，老杜却一直在讨论自己生活的这个三线城市的繁华商圈，是不是离题有点远呢？

其实，中国这几十年经济的发展，模式是一样的，城市只有大小，却没有发展模式上的本质差异，大庆的新玛特商圈是这么发展起来的，北京的王府井商圈也一样，只有规模不同，没有本质区别。

既然商圈都是由政府与市场共同创造，那么，在规划时对于商圈客流及交通压力的超前预测就非常重要。

大商新玛特商场一个非常大的规划问题就是缺少停车位。现在，新玛特右侧一条本来宽阔的路被彻底辟作停车场，但是每一个开车去新玛特的顾客都面临停车难的问题。

七

再一个，就是商圈规模不能大，密度不能大。

天津的步行街就很有意思，在步行街两头和中间，各有几个大规模的商场来集聚客流，但是，这些商场之间，用一条条的步行街联结起来，对庞大的客流起到了消化与稀释的作用。这样，大商场内人潮涌动，小店铺门前也是顾客络绎不绝。

如果超前预测不够，那么，当拥堵问题出现时，再通过收拥堵费增加顾客购物成本的方式来限制客流，恐怕会造成对消费者与商家的双重伤害。

八

消费者因为购物成本增加，可能选择去别的地方购物；而商家则因为顾客减少而减少利润，甚至亏损。这样，利润微薄的商家在商圈里就会生存不下去，只剩下高利润的商家。高利润的商家顾客基本是高消费群体，而高利润商家与高消费群体会合力排挤普通消费者……

整个商圈的性质会被深度改变。

昨天在微信上看到有历史学家在北大讲座说，实践是检验真理的唯一标准。但社会实践不是化学博士的实验室实验，成本与影响都可控，社会实践是需要时间和付出很大代价的。

收拥堵费就是一种治理城市拥堵的社会实践，不可避免会付出代价。只是由谁来为这代价埋单，恐怕目前还无法预测，但无外乎管理者、经营者、消费者这三个群体。

为城市多留些可触摸的历史吧

一

早上，打开电脑，看到一组趣图，很有意思。

2016年8月上旬，第13号台风"苏迪罗"横扫全台湾，位于台北市南京龙江路口的两只邮筒都被吹歪，但这个意外造型却被民众大赞好萌，现已成为拍照签到新景点。

"中华邮政"也倾向顺应民意，不过如果真要保留，还得经过测试，确认雨水不会渗进，也不会影响行人安全。

台风过后，两只呆萌歪斜的邮筒被市民发现了趣味，成为拍照新景点儿。这本是市民自发的趣味，难能可贵的是邮筒的管理部门"中华邮政"能够考虑顺应民意，考虑保留邮筒原貌。

二

老杜所生活的城市是一个著名的石油城，没有发现石油之前，这里是一望无际的草原。所以，这里石油人所建造的第一批建筑，就是这片土地上最早的最有纪念意义的建筑。

随着城市的发展，高楼一片片崛起，最初的干打垒、大会棚、二号院、三号院等具有纪念意义的建筑逐渐消失，城市短短50多年的历史就这样被抹掉，变成了书本里的图片和文字。

还是个别"老会战"和老杜所在的媒体，不遗余力地为之奔走呼吁，才保存下了二号院（现在的油田历史陈列馆）和一块纪念碑。曾经的大会棚，尽管我们尽了诸多努力，最终还是没有留住。

三

去北京看圆明园，看遗迹、看图、看介绍，知道这里曾经有世界上最美丽的园林建筑，后来被八国联军烧了。

可是从八国联军火烧圆明园，到现在仅存的遗迹，之间还有一个漫长的我们自己破坏的过程，却从来没有人提及。或者即使提，也是轻描淡写地说是军阀时代的盗宝之类。

偌大的圆明园，能烧的八国联军烧了，好东西八国联军抢了，可是那些大批的八国联军搬不动、烧不动的砖石建筑呢？

清廷没保护，民国没保护，我们保护了吗？

四

梁思成是中国的建筑学家，清华大学建筑系创办人，他有一个巨有名的父亲梁启超，还有一个现在比他更有名的夫人林徽因。

1月9日是梁思成先生忌日。2016年的这一天，《澎湃新闻》缅怀梁思成，重提旧事，"1950年，他曾提方案力保北京古城，然而古城墙还是被迅速拆除……眼看北京城渐渐消失，他抱憾：五十年后，历史将证明我是对的。"

现在，历史确实证明梁思成是对的，可是，我们古老而辉煌的五朝古都、古建筑博物馆、北京古城却是永远的不可复见了。

完整的北京古城都被我们拆了，更何况火烧之后的圆明园废园呢？

五

美国是个立国仅有200多年的国家，正因为历史短暂，所以对历史遗迹的保留也特别地重视，华盛顿将军屯兵处、某某将军歇马处之类也成为认真保护的名胜古迹。

保护历史遗迹，不是为了旅游，也不仅仅是为了怀旧，更重要的是为了让我们子孙后代明白我们的来路，知道我们从何处走来，以帮助他们弄明白该向何处而去。很多宏大叙事的作品都有一句著名的话——让历史告诉未来——说的就是这个意思。

弹丸之地的小岛台湾，台风过后，两个被吹歪的邮筒，被市民发掘出呆萌的趣味，很有趣，又很平常；不平常的是邮筒的管理者们的善意反馈，这场台风已经成为过去，但它的名字却可能因这两个呆萌邮筒而长存于人们的记忆里。

台湾的历史里，又多了有趣味的一笔。

而我们的城市管理者、建设者们，你们能不能吸取北京的教训，借鉴台湾的做法，手下留情，为我们的城市多留下些可见可感、可触摸的历史呢？

城市大小不重要，人的幸福感才重要

网易上曾经有一个热贴，题目叫《如果有一天，外地人都离开了北京》，说的是有媒体做了一个假设式的调查问答：假如这些大城市里上千万"外地人"突然消失，城市将会变成什么样子。

然后罗列了外地人口消失一个星期、一个月、半年、一年、三年、三十年的情况。

我们先看看，假如外地人消失一个星期会出现什么样的现象：

1. 许多餐馆因缺少服务员而关闭，不能下馆子了；

2. 商店、便利店和超市缺少营业员，超市的收银出口也减少许多，线下购买东西变得很不方便。绝大部分快递员也不见了，网上买东西只好使用仍然有本地户籍人员工作的 EMS，隔天到变成半月到；

3. 钟点工消失，没有地方理发，街道楼宇没有人清扫，垃圾筒满溢也没有人清理，修车、配钥匙的地方消失。

二

感觉是不是很可怕？

如果再往下看一年、三年、三十年的情况，更可怕。

于是得出了"外地人能够左右一座大城市的未来"的结论。

其实这是一个伪问题，对于市民来说，一个城市的大小并不是最重要的，更重要的是一个城市的幸福指数或叫幸福感。

而一个城市的大小和幸福感没有必然的联系，甚至都没有正向相关性。

按照经济学的需求理论，需求是指消费者（家庭）在某一特定时期内，在每一价格水平时愿意而且能够购买的某种商品量。需求是购买欲望与购买能力的统一。

三

没有外地人，城市就不会发展到那么大。

比如北京，2014年常住人口2114万人，其中外来人口802万人，超过总人口的1/3。

如果没有这些人口，北京至少要消失三分之一的购买欲望与购买能力，城市规模至少可以缩小1/3，想想，北京还剩几环了？

没有那么大的城市规模，还需要那么多的餐馆、商店、便利店吗？还需要那么多的理发店、修车厂吗？还需要那么多的清洁工吗？

老杜不生活在北上广深这样的大城市，也跟外地人没有过节，在自己生活的城市里，老杜也曾经是外地人。

所以，老杜不是反对外地人，反对的仅仅是这种一厢情愿的思考方式。

四

前一段去西安，在陕西历史博物馆里看到西安各个时期的地图，唐朝时最大，唐后五代到明清时就小了很多，怎么回事？

这里面有一个"韩建缩城"的故事。

唐朝中期，武则天迁都洛阳，大量人口主动或被动地随迁，长安（西安）不仅失去了政治中心的地位，也失去了大量的常住人口。再加上唐末战乱，大城市是重灾区，城中人许多都躲入山林，结寨自保，城市人口大量减少。

城大人少，不利于防务，不利于管理，也不利于生活。

当时长安城的实际统治者佑国军节度使韩建，以唐长安皇城西部城垣为基础，缩建长安城，这就是今天我们依然能够看到的长安城墙的基础，史称"韩建缩城"。

城市是典型的人造物，因人而生、因人而兴，也因人而败。

它的大小都只是为了适应人的需要，并不是越大越好，越小越不好；也不是越大越幸福，越小越不幸福。

五

　　这些年老杜由于家庭原因，在多个大大小小的城市中生活过。老杜的感觉，一个城市人们生活质量的高低，并不全由城市的大小规模来决定。城市过大，给人们带来的往往是困扰多于福利。

　　老杜曾经住过北京东四环的百子湾高层，左邻京哈高速，路上车流日夜不息，开着东窗根本无法入眠；

　　老杜还住过天津蝶桥附近，复杂的蝶桥老杜常走常错，常常找不到回家的路；

　　老杜还住过小煤城七台河，社区整洁不输京津，小区旁侧有一座小山草木茂盛，偶尔还能看到无毒的小青蛇盘在山路上。城市管理者在山上开辟小路供市民锻炼身体，所以，那里的居民们管健身叫"走山"；

　　老杜还住过更小的县城桦南，一个小小的城市，东南西北各有一个广场，每到傍晚人声鼎沸，城边也有森林、水面，供清晨、傍晚散步的人们"走山"……

六

　　当然，老杜在这里并不是刻意强调小城市好，大城市不好，只是想说大城市有它的弊病，小城市也有它的优点。

　　我们生活在大大小小的城市里，对这个城市的发展，更关心什么？

　　是它是否会更大，还是它是否会让生活在其中的我们更幸福？

　　网贴着意强调外地人对城市之"大"的重要性，却忽略了城市人的幸福感。

　　而对于生活在城市里的人来说，无论城市人还是外地人，幸福感才是他们最在意的。

第六章

逍遥于生死之间

在人生的列车上，尽量让自己开心一点儿，欣赏车外的风景，瞄两眼同车的美女，给身边人一个微笑，你就会收获美景、美色，还有别人回报给你的美丽笑容。这个时候，你的心情会不会好一些，身上的痛苦会不会减轻一些呢？

在人生的列车上，做个微笑的乘客

一

周日晚班，两个记者采访回来，跟同事分享他们的采访经历。

"哎妈呀，笑死我了！"一个记者说。

然后她给我们讲述了一个"傻"女孩儿的"傻"经历。比如说小学时因为淘气被老师注意而当了班长，大学军训时因为说话而被提拔"喊口令"喊到失声，还把一个她训过的男生变成了男朋友等。

记者讲得冒烟咕咚，大家听得兴高采烈。

可是最后，无论讲故事的还是听故事的，心情都很沉重。因为这个正在上大三的女生得了肾衰竭，每周要透析三次，她的父母都是"站大岗的"，属于这个社会中最底层的人群。

从 2015 年 10 月发病到现在，半年时间，透析已经让这个家庭不仅仅是透支，而是基本无力支撑了。所以，这个女生的中学老师找到了媒体，希望能够得到社会的支持与帮助。

二

"如花的年纪，悲惨的境遇"，我们可以用这两句话来概括这个女生的现状。

那么，有着这么悲伤的底色，这些"笑死人"的故事又是谁讲给记者的呢？

是这个女生自己。

一个已经透析了半年的大三女生，把自己的人生经历变成"段子"，冒烟咕咚地讲给记者，感染了心情沉重的记者，也感染了心情沉重的我们。

讲完故事，记者说，我担心我写不好。

我说，你按你现在讲故事的方式写，写出这个女生真实的样子，写出你真实的感受。她不是一个悲悲切切的女生，你不要为了募捐而刻意去写一个悲悲切切的故事。

三

另一个记者的采访对象也是一个重病患者，也在承受着每周透析的巨大痛苦与经济压力。所以有很多抱怨。

抱怨有的城市已经把他这种病列入大病医疗补助，每次透析仅需几十元，而他现在还需要几百元等。

那么，他的抱怨有没有道理呢？

肯定是有道理的。

据记者了解，我们的城市周边，确实有一个城市像他说的那样，把单次透析费用降为几十元。这是一个先行先试的试点城市，它们的经验还没有推广到老杜生活的这个城市。

久病、虚弱、痛苦、抱怨……这是一个大病患者我们常常能够看到的样子。

但是，因为有前面同样重病的"傻"女生，所以才有了对比。

四

重病缠身，治愈无望，只能维持。而这维持，也需要耗费大量的资金。这是两位患者共同面对的现实人生。

在这样的现实面前，沮丧、痛苦、绝望，是真实而正常的感受。

这样的感受，老杜曾经在三年间前后经历了三次，第一次是在幼子被诊断为新生儿脑内出血、脑内积水的时候，第二次是在妻子被诊断患乳腺癌的时候，第三次是在妈妈被判定胸积水无法治愈、只能维持的时候。

所以，老杜在这里并没有通过比较而贬低或看轻那位抱怨患者的意思。

但老杜要为那位大三女生喝彩。

五

20 世纪 80 年代，曾经流行过一首歌叫《铁窗泪》。

当时这首歌在全中国火得一塌糊涂，几乎所有商家店铺门前的大功率音箱里都在流淌着哀婉的旋律。

几乎在同时，还有另外一首歌叫《留给夜的对话》，用的是《铁窗泪》

的音乐，却有着不一样的歌词。而且这歌词居然有长长的 9 段、492 字，它也许就是中国歌词最长的流行歌曲。

歌词呈现了这样一个场景，午夜的街头，歌舞厅外，霓虹闪烁。孤独的路灯下，一个老人与一个刚刚从歌舞厅出来的少女在对话。

老人说，这里曾有过我的昨天，那时我也像你一样浪漫，可如今这一切已成梦幻，我只有在一旁重温从前……

少女说，欢乐对谁都没有界限，何必让自己把它躲闪。正因为命运无法改变，更不该错过欢乐今天……

六

这是老杜青少年时流行过的歌曲，却在此时被老杜想起。

为什么？

就是因为这歌中的两句话："正因为命运无法改变，更不该错过欢乐今天……"

生老病死，就是我们无法改变的命运。不管是有的人活得长，还是有的人病得久，最终的结果，都指向一个相同的终点。

这就像乘车，有的人要从起点站坐到终点站才下，有的人两三站就下了，有的人站在车门口犹豫，不确定自己该在哪站下……

但不管你乘得长，乘得短，就像有的人即使挣扎着熬到终点，也还是得下车。这个结果是改变不了的。

那么，在乘车的时候尽量让自己开心一点儿，把注意力从痛苦的身体上移开，欣赏欣赏车外的风景，瞄两眼同车的美女，给你身边人一个微笑，你就会收获美景、美色，还有别人回报给你的美丽笑容。

这个时候，你的心情会不会好一些，身上的痛苦会不会减轻一些呢？

上面那个大三女生，就是我们身边带着美丽笑容的乘客，她用笑容带给我们好心情，同时也因开心而减轻了身体的病痛。

七

春节放假，大家都参加了各种的聚会。从家乡回来，朋友们都有很多感慨。

某某的夫人半年前突然就死了，一向为人称道的好夫妻突然离了，聚会时的麦霸，丈夫已经跑路两个多月了……

各种不幸的消息，伴着春节的喜气，在朋友们的窃窃私语中不胫而走。

可是，年还得过，日子还得过。不管遭受到什么样的打击，大家还是要走出门来，走到人群中去。去工作、去谋生、去打拼，或者，去驱赶生活中的无聊。

这个时候，脸上带着笑容的人，会有更多的人愿意到你身边来；脸上带着愁容的人，大家都唯恐避之不及。

重要的事情说三遍，"勤奋的男人和爱笑的女人，运气都不会太差。"这句话古龙说过，雷军说过，老杜今天在这里也说一遍。

更何况，自家都有自家的愁事，谁愿意听你抱怨呢？

灾难也许躲不开，灾难一定能过去

一

半夜接从广西回来的老父亲，回家睡觉已经快凌晨两点，因为太累了，闹钟响都没有听到，耽误了去参加朋友岳父的葬礼。

朋友岳父早上晨练时，被倒车撞倒不治，成为交通事故的受害者。

记得好像是知名媒体人蔡春猪说的一句话："电视上那些社会新闻，我们摊上一个就是灭顶之灾。"他就摊上了一个——儿子在两岁时被诊断为自闭症。

而我，在短短三年的时间里摊上三个：

小儿子生下来，第一天还好好的，第二天突然就抽了，经诊断是新生儿脑内出血、脑内积水；

小儿子长到八个月，天天在妈妈身上闹腾。一次妻子跟姑姑提起，胸部让孩子踢得很疼，好像有肿块。被敏感的姑姑拉到医院一查，是癌症；

老妈妈本来体质差，突然开始喘不过气来，到医院一检查，胸腔积水。大庆、天津、北京，本地最好的医院，全国最好的医院，都住过，都查了，直到最后去世，也没有一个明确的诊断。

如今，朋友也摊上了一个，岳父成为了车祸事故受害者。

二

虽然遭遇了灭顶之灾,蔡春猪却没有灭顶,而且还因此成了名人。他陪自闭症儿子喜禾游戏的照片在网络上流传,他与喜禾互动的文字不仅流传,还结集出书,书名就叫《爸爸爱喜禾》。

老杜也没有灭顶,救回了儿子,救回了妻子,送走了妈妈后,努力让生活回到正常的轨道。在每天上班下班、白班夜班的空余时间里,还做了个自媒体——微信公众号"俗人说",谈我眼中的世界,我理解的人生。

从灾难的打击下重新站起,我们已经有能力回头审视生活中的这些灾难,让我们对人生更多了一些感悟与感慨。于是就想说出来,与大家分享。这个时候,我们就已经不仅仅是一个"过来人",更是生活中的强者,对生活、对灾难,有了自己的发言权。

于是,就有些话,想跟痛苦折磨中的朋友说说。

三

亲人离去,我们都沉浸在痛苦之中,这痛苦有两个方面的原因,一个是离去,一个是意外。

先说意外。

中国每年约有6万人死于交通事故,20万人在交通事故中受伤。这个数字的意义,是早上大家出门,每天都有17个人是永远回不来了,有550多人受到严重伤害进了医院。就是说每天都有500多个家庭猝不及防地会遇到灾难。

这还仅限于交通事故。

想明白这一点,我们就会知道,遭遇人生中的种种意外,不是"意外",不是我们不小心或照顾不周,而是概率事件,只要人数达到一定规模,总有人会摊上,就像街上一定有车祸一样。

说句不吉利的实话,我们每个人都躲不开。

四

古人说,"三灾七难活到老。"这就是中国民间最朴素的真理。

没有人一生过着天堂般的日子,哪怕是庙堂之上的皇帝;也没有人一生过着痛苦不堪的生活,再不幸的人,也总会有开心快乐降临到他的生活中。

我的苦难生活已经过去三年了，这三年来，我每天上班下班、白班夜班，过着普通人的生活，感受着普通的幸福。如果不是今天朋友的不幸，我甚至已经忘记了那段苦难的岁月。

　　但有一点，可以与朋友们分享，就是当灾难一个连一个地降临到我头上时，我当时就十分肯定地相信，这一切总会过去，幸福的好日子终会到来。

　　灾难是躲不开的，灾难是能过去的。

　　这两句话都是真理。

五

　　再一个是离去。

　　今天早上，因为耽误了葬礼，老杜带着懊悔起床，既然已经起来晚了，那就正常地按部就班吧，收拾洗漱，送幼子去幼儿园。

　　进了幼儿园，把孩子交给老师，出来，站在幼儿园门口，看着络绎而入的欢声笑语的孩子们，我忽然想到，生命的勃兴与消逝，不恰恰是这个世界每时每刻都在发生的正常现象吗？

　　我们挚爱的亲人们终会离开我们，虽然方式不同，有的很平和，有的很惨烈。但离开，是必然的。就像我们，也终有一天会离开我们的亲人。

　　如果老的生命不退场，那么新鲜的生命又如何登场呢？老杜的妈妈退场了，老杜的长子、幼子健康成长；朋友的岳父退场了，老人家的孙女、外孙在成长；当我们老到要退场的时候，孩子们的孩子又已经登场。就这样，生命与世界、与生活前赴后继地相伴而行，永不退场。

六

　　这些想通了，就不会有那么多的自责，那么多的"假如"。生活就是这样的猝不及防，就是这样的苦乐参半，痛苦、幸福都不是永远，痛苦＋幸福才是永远。

　　不幸已经降临，灾难已经发生，我们改变不了，这不是我们的错。我们该做的，就是珍惜当下的生命与时光，照顾好身边的亲人，过好当下的人生。

　　在幼儿园门口，我把电话打给朋友，我说我想去看看他，陪陪他。他说没时间理我，他的主要工作是陪伴崩溃的爱人。

　　我说，那你哪天想喝酒时找我吧，我也挺长时间没喝酒了。

为什么世界出问题，你却惩罚自己

一

看到两条自杀的新闻：

2015年8月1日凌晨2时许，在西安市明光路与未央路十字天桥上有一名女子欲跳桥轻生。经民警询问得知，该女子因不堪忍受长期家暴，才有了轻生的想法。

还有一个。

此前一天，7月31日，安徽省灵璧县一小区内，一名年轻女子疑因丈夫有外遇，一气之下爬上6楼阳台窗户，准备跳楼轻生。

报道里还有一些细节，我们在这里就不细说了。

其实说也没有意义，因为不管有多么丰富的细节，也构不成你惩罚自己的充分理由，因为错不在你。

二

遇到了一个暴力的丈夫，遇到了一个有外遇的丈夫，这是每一个女人都不希望的事情，可是，就像街上每天都会有车祸一样，这是任何人都无法预料的。

没有一个司机，早上开车上街的目的是撞车撞人；也没有一个人早上出去是寻求被撞（当然，"碰瓷党"除外）。可是，总是由于一方或双方的过失造成车祸。

我在这里之所以以车祸来替换两起事件，是因为车祸最具有随机性、偶然性的特点，最能够说明，不管是什么原因，这些问题都是由于外部世界的无法把握造成的。

三

人心从来就无法把握，所以那些以为俘获了某某人心的男男女女们都是在做白日梦。

而由无法把握的人驾驶的汽车更是难以预料，所以特斯拉老总马斯克才会说，无人驾驶汽车更安全。

推而广之，庞大而变化迅速的外部世界更是我们无法把握的。所以，总会有种种意外发生，就像段子里说的"汶川地震告诉我们不动产也会动"一样，外部世界总会有些变化让我们惊喜、惊讶或震惊。

四

我们可以简单地这样理解，自身以外的世界都叫外部世界。

这外部世界包括外星球、外国、外人（外星人、外国人、邻居、家人），也包括我们身体以外的外物，比如我们居住的房子、老杜正在打字的电脑、窗外正在下的雨等。

这外部世界的一切都或日积月累地、或突然地、或偷偷地发生着各种变化。这些变化有些我们能够发现，比如窗外的雨越来越小了、老杜的电脑越来越慢了；有些我们不能发现，比如房子地基的慢慢变化、墙壁裂纹的悄悄扩大、人心的渐渐疏离等。

可是总有那么一天，这些变化大到让你或吓一跳、或震惊、或崩溃，上面的两起自杀事件，就是因外部世界的变化大到自己无法接受而造成崩溃。

五

世界变化了，你没有预料到。

这不奇怪。

但是，你的应对方式却非常奇怪，因为你是在用惩罚自己的方式来应对世界的变化，这就跟鸵鸟把头插到沙堆里来应对自己不想看到的事情是一样的。小学时你就学过这个故事，你就嘲笑鸵鸟，可是现在，面对世界的变化，你跟鸵鸟的应对方式是一样一样的。

也许你会想，如果我不嫁给他，就不会遭遇家暴；如果我不走这条路，就不会遇到车祸……

其实这才是自欺欺人。因为另一个男人的心你同样无法把握，另一条路上同样可能发生车祸，世界变化的莫测，躲是躲不过的。

六

世界太大了，我们无法把握。

但是，至少我们能够决定自己如何应对世界的变化。

你可以选择争取、选择战斗、选择认输、选择放弃，但对象是外部世界的，具体的出了问题的那一部分，这是你与局部世界的战争，也是你漫长人生中的局部战争或阶段性战争。你要考虑的是如何对待它，能赢就争取，不能赢就放弃，而不是如何处理或惩罚自己。

外部世界变化了，又不是你的错，为什么要惩罚自己？

不要怕输，也不要输不起，因为这一场场战争虽然都很重要，却都仅仅具有局部意义。你若是跳下去了，那才是输掉了全局。

跳出狭窄的世界，才有希望

一

"在当前价位上越来越密集的大股东减持，告诉我们很多个股的牛市第一波已临近尾声，这是确定无疑的。所以，越来越多的个股先后进入头部区间，则意味着风险的增大。当然，这同时也意味着上证的牛市第一波临近后三分之一了。一些因配资而爆仓的投资者将接受第一次杠杆化市场的风险教育……"

这是好友半夜发在朋友圈里的话，老杜在下边评论："废话太多，不就是股市版《跳楼》第一季开演了吗？"

在这里，老杜用开玩笑的方式陈述了一个可悲的事实——跳楼季，开始了。

最近的例子，2016年6月10日，长沙股民侯先生赔光了170万元存款，跳楼自杀身亡。

二

已经开始的跳楼季不仅仅有股市版，还有高考版。

2016年6月8日晚10点左右，合肥特警二大队接到110指令称，皖江大道新宜小区有人跳楼自杀。民警到达现场后，只见5号楼的4楼阳台上站有一人，情绪非常激动。民警迅速赶往4楼，发现准备跳楼轻生的是一位少年张某。张某因为今年高考发挥失常，觉得对不起父母的照顾和付出，一时想不开，产生了轻生的念头。

张姓少年比侯先生幸运，在各方的劝说下，他最终放弃了自杀的念头。

2016年夏天注定是一个不寻常的夏天，也注定是一个悲情的夏天。当全中国的人都还沉浸在长江沉船失去400多条生命的悲痛之中，一年一度最残酷的高考跳楼季就这么开始了。而且，还临时叠加了一个股市跳楼季。

三

为什么要跳楼？

跳楼，是人们选择放弃生命的一种方式。

考不好要跳楼，赔了钱要跳楼，还有失恋了跳楼，失业了跳楼……

这个时候我们才发现，原来生命是那么不珍贵，不值170万元，不抵一张精彩的考卷，不如一段留不住的爱情或一份失去的工作。

钱，不是你生来就有的，是你后天努力挣来的；

高分考卷，不是一定属于你的，要看你的努力，还有你的天分；

爱情，更是两个人两颗心的互动，不是一个人能够左右的；

而工作，满意不满意，只是你一个人的感受而已。

这些东西，都不天生属于你，天生属于你的，只有生命——这唯一最宝贵的东西。

四

前两年，传出多起研究生自杀的消息，其中有一个是因为自己读到研究生还养不起妈妈，感到绝望而自杀。

当时老杜就想说，你为什么非要到北京、上海养妈妈呢？目前全中国的13亿多人，有多少人能够在北京、上海这样的城市养得起妈妈？养不起的人都该自杀？

你带着你的学历，带着你的妈妈，去一些中小城市，在那里你是引进的人才，那里会拿你当上宾，给你发住房、安家费，还有大办公室。

可是你不选择这些，你选择自杀，你不仅放弃了自己的生命，还把你妈妈扔上海，不管了。

写到这里，老杜有点儿小激动。平复一下，咱们说正事。

五

炒股失败自杀的侯先生把自己家的全部存款押上了股市，结果赔光了存款；高考不理想的张姓少年因为自己努力多年，父母期望殷殷，觉得无颜见父母；失恋的人以为对方是自己的一切，他（她）走了，一切都没了；养不起妈妈的研究生觉得自己奋斗多年，境遇竟如此不堪……

这些人，这些事，有一个共同的问题，就是当事人或视野狭窄，或思维狭窄，或生活狭窄。

在狭窄的世界里，一件事，就是一切。

他们把一笔钱、一张考卷、一段爱情、一份工作当成自己的一切，当成安身立命的根基，一旦根基动摇，就觉得生命已经无法继续。

老杜曾把人生的困境分为两类：一时的难以承受和一世的无法承当。遇到一世无法承当的事，选择放弃生命是有道理的，老杜并不是一个反对一切自杀行为的人。

六

然而，在今天的社会里，面临这种如果活着则会有一世无法承当压力的机会极少，无论是亏了钱还是没考好，包括在上海养不起妈，都最多只是一时的难以承受，不是一世的无法承当。

钱赔光了，妻子在吵闹，当然有压力，当然很闹心，可是这闹心是一时的，是可以过去的，是可以从头再来的；高考、失恋更是如此。

因为生活狭窄、视野狭窄、思维狭窄，人们把一时的困境当成了过不去的坎儿。

这个问题里有两个关键词：狭窄、一时。

亲人朋友们可以带他们离开有压力的环境来解决"狭窄"问题。旅游、探亲、聚会，都可以，让他们看到广阔的外部世界，感受丰富的外部世界，从而在内心想清楚弄明白，人生有很多机会，生命有多种可能，不管是炒股赔钱，还是高考失利，都不是人生的绝路。

七

也可以通过陪伴来解决"一时"的问题。

不管是炒股赔钱还是高考失利，当事人都可能会有"一时"的想不开，也仅在"一时"，他们有放弃生命的冲动。所以，只要陪伴他们度过这危险的"一时"，危险期一过，警报也就自然解除了。

其实我们每个人都有这样的经历，我们曾经面临某种困境，以为无路可走，并产生过"不活了"的念头；可是事情过去以后，尤其是隔一段时间回头看，那其实是一件不大的事情，根本不值得我们如此地在意。

燥热的夏季，火热的跳楼季，压力人群的亲友，大家就长点儿心吧，他们真的需要你陪一陪或拉一把。

磨难帮助我们成长成熟

一

传说少林寺有十八铜人阵，非常厉害。

这个阵有两个作用，有人要挑战少林，得通过这个阵才能进来；寺内的弟子要出山，也得通过这个阵才能出去。

对挑战者来说，这个阵是考验，过不了这一关就说明你本事不够，不要来丢人现眼；

对弟子来说，这个阵是考核，过不了这一关就说明你还没有学成，不要去丢人现眼。

因为这个阵厉害，它挡住了无数技艺不精的挑战者，也挡住了很多学艺未成的弟子。

二

少林的弟子在寺内练就十八般武艺，自己觉得已经不错，师傅也频频赞许，于是就想，我是不是该毕业下山去闯荡江湖了？

那么，能不能毕业下山，自己说了不算，甚至师傅也说了不算，要真的打出十八铜人阵。

为什么师傅也说了不算呢？

有个故事，清朝末期北洋水师济远舰管带（舰长）方伯谦，书香门第，科班出身，还留过洋，被洋监督表扬为"水师中聪明谙练之员"。

结果甲午海战中，方伯谦率舰逃跑，造成中方阵脚大乱。前面的一切优秀履历，都毁于临阵之时的贪生怕死。

三

外面的江湖人士也是一样。

少林寺是江湖的泰山北斗，自己的本事有多大，只有经过少林寺这个最权威机构的认证，才能得到江湖的认可。

否则，你可以自封"南天大侠""塞外飞鹰"什么的，也仅仅是你自己起的艺名，不是公认的"学位"。

于是，大家只好走上嵩山这条比司法考试还要难的路，拼死一搏。

所以，不管是少林寺的挑战者还是弟子，想挑战最高权威，想闯荡大千世界，那么，他们就要过十八铜人阵。

他们要在这十八铜人阵里苦战拼斗，遍体鳞伤，历经生死，也许能爬出来，也许知难而退，也许，就折在里面了。

四

不管是在求学的时候，还是工作的时候，我们身边总有一些任性使气的人，张扬不羁的人，棱角分明的人，我行我素的人。

年轻时的老杜好羡慕他们，真有才，真有脾气，真有个性。正好自己也有点脾气，于是也附个骥尾。

可是，随着年龄的增长，岁月的流转，这些人变化都很大，大多知道收敛了，也没那么多脾气了。

为什么？

是因为他们经历了人生的种种磨难。

走过了、经过了、伤过了、痛过了，这个时候才明白了，原来的那些任性使气、张扬不羁、棱角分明、我行我素，往往都是不知深浅的自以为是。

五

想想，这样的人生经历，不就是在少林寺闯十八铜人阵吗？

我们在一个个磨难中长大、成长，苦战拼斗，遍体鳞伤，历经生死，慢慢地磨掉娇气、骄气，磨掉各种幼稚和狂妄，慢慢走向成熟。

不经历磨难的人生就像是不经十八铜人阵的少林弟子，幼稚天真、豪情万丈；又像不经十八铜人阵的少林寺挑战者，目空一切、不知深浅。

或有娇气、或有骄气，都会在十八铜人阵中消磨、消解、消散，有真本事的，打出去；本事不够的，爬回来；还有一些，既不知道深浅又不知死活的，可能就报销在里面了。

六

看看我们周边，反思一下自己，你属于哪一类？

是打出十八铜人阵的英雄，是退出铜人阵的失败者，还是正在铜人阵中拼斗，越战越勇气倍增或越战越胆战心惊？

近一段时间，老杜几个朋友遭遇变故，或是自己身罹疾患，或是亲人恶疾缠身，于是奔波于各大城市各大医疗机构间，辗转求治，一如三五年前的老杜。

忙中偷闲，朋友间再次谋面，发现他们一如老杜般地在成长成熟，娇骄二气在眉宇间消退，交流中多了坚强与担当。

回首自己的过去，不也是这么成长、成熟起来的吗？

麻烦最多的时候，你也最有活力

一

朋友们相聚，尤其是多年未在一起的老同学、老朋友们重新聚在一起，都很关心彼此这一路是怎么走过来的。

然后，大家就发现了一个时间点，基本上是40岁。以40岁为中心，前后 5 年，或前后 10 年，是人生中麻烦最多、压力最大的时候。

40 岁以上的朋友们回想一下自己，40 岁以下的朋友们回想一下身边 40 岁以上的亲人或朋友，想一想，他们的人生中在什么时候麻烦最多？

幼儿园、小学、中学、大学、工作、结婚（成家）、生子、升职……

这一系列过程几乎每个人都会经历，哪个过程里麻烦最多？

工作以后，甚至是升职以后。

绝大多数人都如此。

到了这个时候，家庭矛盾、工作矛盾、社会矛盾，几种矛盾交织在一起，往往是工作忙一天，下班还要去（领导的、客户的、同学的、朋友的饭局）应酬，半夜回到家，一张战斗的脸在等着你，正冷战中，电话铃响了，老人半夜如厕摔倒骨折，须马上送医院……

二

我怎么这么倒霉？

为什么所有倒霉事儿都赶一起了？

这是要折腾死我呀！

当时，你是不是这么想的？

可是，你死了吗？

没死，是吧？如果死了，也就不能在这里看老杜的文章了，是吧？

为什么你没死？

因为你挺过来了。虽然百事烦心如泰山压顶，但你还是挺过来了。

这不是万幸，也不是你特别有能力，绝大多数人都挺过来了，你不用特别自豪。

但是，绝大多数人之所以能够挺过来，原因是什么？

是麻烦不够多，压力不够大吗？

三

答案是否定的。

麻烦足够多，压力也足够大。但是，你，也是最有活力、最有本事的时候。

想一想，是不是？

妻子听说老人出问题，马上就停止了内战，你马上想到同学 A 就住老人楼下，朋友 B 是医院骨伤科大夫，你马上打电话给 A，让他上楼去背老人上救护车，打电话给 B 让他到医院骨伤门诊等着老人到医院，然后你开车拉着妻子直接到医院门诊。

这个时候，救护车早已经到了医院，A 与医生推着担架床，B 初步检查后领着直接进了 X 光拍片室，你让妻子补办各种手续，自己去陪老人，老人安静地躺在床上等着打石膏，告诉你 A 和 B 对他是多么好，多么细心，比你这个儿子都细心，可得好好谢谢人家！

你说不用，都是哥们。心里充满自豪，把刚刚还要跳楼的心思忘得一干二净。

天亮了，安排好老人，你一身疲惫，两眼通红，却又自信满满地上班去了。

四

每个人的人生中都有一段麻烦特别多的时光，这个时间，往窄了说是 10 年，你 35 岁~45 岁，往宽了说是 20 年，你 30 岁~50 岁。

这个时候往往也是你心态最积极、精力最旺盛、生命力最强、最有资源调动能力的时候。

亲人是你的资源，同事是你的资源，朋友是你的资源，朋友的资源也是你的资源，甚至，朋友的朋友的资源，也可以帮助你。

虽然麻烦很多，压力很大，你一个人克服不了，但是你有资源调动能力，你可以调动资源来协助你克服困难。

人生的每一阶段都有资源调动能力，只是大小不同而已。

幼儿园时代，你的资源是父母、亲戚，上学后，又多了同学、老师，工作后，又多了同事、朋友、客户，结婚后，又多了妻子家那一面的亲戚……

在工业化以后的社会里，合作、协作就变成了人类永恒的主题，没有人能够独立生存，人们必须与其他人合作、协作，才能获得生存的环境与资源。

他们是你的资源，你也是他们的资源。这不是谁利用谁，而是人与人之间的优势互补、合作共生。

五

克服了困难，解决了麻烦，闯过了一个个的激流险滩，你的人生也在一步步前行，像上楼梯，走得累，但是越走越高；如果你在困难面前退了下来，那么，你的人生也在前行，却是在下楼梯，越走越低；更有极少数人，在这如山的压力下崩溃，放弃了努力，向命运彻底认输了……

那么，你是哪样人，你愿意做哪样人呢？

"肚子里的鬼"，每个人都有

一

2016年6月7日晚，安徽卫视"超级演说家"节目在北京现场录制过程中，嘉宾乐嘉为支持自己的残疾选手崔万志，现场喝酒（53度白酒两瓶），结果醉酒后失控，满口爆粗不断，导致金星、窦文涛等嘉宾离场，录制一度中止。

乐嘉是谁？连老杜这么一个一年看不了几次娱乐节目的老古董都知道，相信朋友们对他不会陌生，就是"非诚勿扰"里那个光头的点评嘉宾。

乐嘉这几年挺火，上节目、当嘉宾、做主持、出书，一个智慧型好男人的形象。其在"非诚勿扰"里的点评，虽然尖锐，却是相当的理性，在老杜的印象里，乐嘉不是那种哗众取宠型的艺人，也不是放肆无忌型的艺人。

那么，乐嘉怎么了？

二

录制完成后，接受记者采访，就有记者问现场其他嘉宾，这是不是一次故意的作秀。

娱乐节目为了博眼球故意设置冲突，已经是传统桥段，每当有重头节目播出，关于节目中嘉宾的各种谣言就会满天飞，比如"我是歌手"第一季里的"黄绮珊乘飞机坐一等舱耍大牌"事件，就是湖南卫视策划部门刻意散布出来的炒作新闻。

这样做的目的，无非是为了更好地营销节目，吸引眼球。所以，娱乐记者们才有此一问。

然而，这个可能被现场的窦文涛、金星等人立马否定了。

看来乐嘉的喝多不是节目的一部分，而是纯粹的突发事件，是意外。

那么，这个一直以来以智慧型好男人形象示人的乐嘉到底怎么了？

三

老杜采访时交了一个朋友，是位文质彬彬的副科级机关干部，说话有条有理，做事一板一眼。包括形象，都是那种让人看着很舒服的类型。

可是，一次陪领导去县里检查工作，在晚饭的酒局上遭遇特别会劝酒的县领导，朋友喝多了。

他变成了一个我不认识的人，拿着一瓶白酒转圈儿倒酒，眼睛红红的，表情是严肃的，对桌上所有人说话都是命令式的。

这桌上，有他的领导，他的领导的领导，还有县里被检查单位的县、局及具体部门三级领导，最小的人物，是老杜等媒体记者。

没有人能劝得了他，先是他的同事，被他命令坐下——没你说话的份儿！

然后是他的领导，被他按住——在单位净听你说了，今天听我说！

再往后是被检查单位的副职，上来劝阻被他一杯酒扬脸上——你是干啥的，一边儿去！

四

饭后，因为急着赶稿子，县里出车送记者回市里。路上，几个记者谈起这件事，开车的老司机说："这样的事儿，见得多了。几杯酒，把肚子里的鬼召出来了。"

一句"几杯酒，把肚子里的鬼召出来了"，让老杜记了半辈子。从此，老杜很少喝酒，一旦喝酒，就早早地找个安静地方睡觉，怕万一自己"肚子里的鬼"被酒召出来，免得丢人现眼。

乐嘉在节目上喝酒，为自己支持的选手助阵，肯定有作秀的成分。电视节目本来就是秀场，作秀是本分，在秀场不作秀才是奇葩。

可是，两瓶酒下肚，把"肚子里的鬼"召了出来，失控了，结果砸了场子。

五

"肚子里的鬼"是什么？

从心理学角度分析，就是人性里被刻意压抑的部分。

关于机关，有个很形象的比喻，机关就像一棵树，里面的人就是树上的猴子，往上看，全是屁股，左右看全是耳目，往下看全是笑脸。

我的那位朋友，在这样的环境里，他的状态应该是林黛玉进贾府，不敢多说一句话，不敢多走一步路。他心里自然会压抑着很多东西，这些就是开车司机说的"肚子里的鬼"。

结果，遇到一个特别会劝酒的人，几杯酒下肚，把"鬼"召出来了。

乐嘉也是如此。

在娱乐圈儿里混，压力山大是人所共知的。要树立形象，要协调关系，要创造品牌，还有幕后的说不得、不能说的种种潜规则……这也是娱乐圈儿里的人"吸毒者"多的一个原因或叫借口。

只是乐嘉没有想到，"肚子里的鬼"被两瓶白酒召出来了。

六

不用奇怪，也不用否认，每个人的肚子里都有一个"鬼"。

有人说，我这个人坦坦荡荡，无话不可对人说，无事背着任何人。

你信吗？

如果真有一个这样的人，他还真诚地对你说着这样的话，那么，离他远点儿吧，他入戏太深了。

圣人说："食色，性也。"这才是大实话。圣人不说我看到美女不动心，看到美食不流口水。

古人还说："万恶淫为首，论迹不论心，论心世上无完人。"就是这个意思。

看到美色，你可以动心，但只要不动手，就是好人。

这个常常偷偷在动的心，就是"肚子里的鬼"。它只要不出来，只要不去支配你的行动，就天下无事了。

乐嘉酒后发飙，是被"肚子里的鬼"支配了行动，老杜朋友酒席撒疯，也是如此。

所以，老杜不跟你说什么"表里如一、光明磊落"的屁话，只劝你把握好喝酒的度，别让它把"肚子里的鬼"召出来闹事，就好了。

假期怎么样，开不开心，累不累

一

"五一"小长假过去了，朋友，我要问你一句：这个假期过得怎么样？开不开心，累不累？

春节过后，这是第一个让我们非常重视的假期。这个假期结束的那天晚上，老杜独坐书斋，想对自己这个假期作一个评价。思来想去，最终为这评价体系设定了两个指标：开不开心，累不累。

为评价假期质量设定指标，老杜颇费踌躇。

开始，我曾想把"假期有多少时间为自己忙碌，有多少时间为他人忙碌"设为指标，可是发现这个指标无法反映假期"过得怎么样"，因为为自己忙碌的时间不见得是快乐的，而为他人忙碌的时间不见得是不快乐的。

比如天天站在各路口伸手的职业乞丐，风吹日晒尾气熏，纵然天天收入不菲，却也只能在晚上查钱的时候快乐一会儿，整个儿伸手的时间里，他是不快乐的。

二

黑龙江省曾经举办过全国第五届道德模范网上评选活动，大庆人白春海是助人为乐道德模范候选人之一。老杜曾经采访过白春海，对他多年来助人为乐的事迹，可以说是比较了解的，也从心里钦佩。

中国文明网的投票页面在手机上显示字太小，老杜又老眼昏花，在一个个小脑袋里找到白春海就找了半天，再艰难地在小方框里点上勾，还要一起选十个人，其他的我又不认识，可是不选十个人就投不了票，费了半小时的劲儿，终于为白春海投上了微不足道的一票。

累得眼睛酸疼，却觉得很开心。因为白春海作为一名普通的企业职工，从事的助人为乐活动属纯民间性质，能够成为候选人已经说明这个时代越来越讲道理了。时代在进步，老杜开心；为他人投票，老杜也开心。

三

老杜还想把"多少时间休息、多少时间忙碌"列为评价指标，可是这依然无法准确反映假期"过得怎么样"。

因为忙碌不见得不开心，这个上面已经分析；而休息又不见得就开心。

对于其他时间忙得要死的人来说，休息是一件超开心的事；而对于失业在家无所事事的人来说，恰恰是休息最让人揪心，因为他需要的是工作，是忙碌。

古人说，"有人漏夜赶科场，有人辞官归故里"。

对于赶科场的人来说，"衙斋卧听萧萧竹，疑是民间疾苦声"的忙碌是个人价值的体现，也可以理解成为人民服务的具体体现；而对于归故里的人来说，退休回乡是坚持自己价值观的体现，是"不为五斗米折腰"，是"安能摧眉折腰事权贵，使我不得开心颜"，是坚持道德高标的体现。

虽然他们从事着反向运动，却都是"过得不错"或"过得很好"。

四

"为谁忙"无法决定假期"过得怎样"，"忙不忙"也无法决定假期"过得怎样"；老杜又想到了"开心不开心"，看看它能否决定这个假期"过得怎样"。

"五一"当天，老杜带幼子去了广场。"去广场玩儿"这个要求，儿子已经念叨了无数次，因为那里可以骑车，可以开电瓶车，可以喂鸽子，还可以捞鱼。

平时上班下班，工作家务，还要读书写文章，把个老杜忙得头昏脑涨，假期终于有了时间，决定认真陪儿子去广场，开心地玩儿个够。

到了广场，儿子骑车，老杜在后边跟着，走一阵跑一阵，喂鸽子，玩健身器，儿子又交了个小朋友，两个骑车比赛，老杜拖着两条关节炎老腿，在广场上东追西赶，怕他们骑车撞了人，又怕放风筝的线勒了他们的脖子，还怕他们互相撞，更不舍得拆开这快乐的小哥俩儿……

当时没觉得怎样，回到家才觉得浑身无一处不乏，无一处不累，但却跟儿子建议："明天还去广场吧。"

为什么？

因为儿子开心，老杜就开心。

五

最后一个指标，就是"累不累"。

其实老杜在上面几个部分里面都讨论到了"累不累"的问题，老杜都感觉自己的观点应该是"只要开心，累不累无所谓"。

可是，那是老杜比较冲动时的想法；理智地思考一下，既然是假期，最好还是不要太累才好。

在老杜工作这 20 多年里，身边不乏假期疯玩儿，上班休息的同事，这一点，老杜不是不能理解。因为老杜一直工作在体制内，而体制内工作的实际情况和评价体系，大家心照不宣。只是这样长期下去，工作就会在你的心里变得无足轻重，而你对于工作来说也会变得可有可无。

那个时候，你与工作，相看两相厌，受害的可就是你自己了。

开心不累的假期是最好的假期；开心而累的也不错，老杜的就是这样；不开心也不累的假期有点遗憾；不开心还累的假期……

唉！不说也罢。

结婚是找搭档，不是买毛驴儿

一

走过半百岁月，经历坎坷人生，上了点儿年纪以后，老杜常常会想某个问题的实质是什么，是不是像我们一直以为的那样。

这么说有点儿抽象，打个比方。

现在农村结婚，还时兴要大额彩礼，一个普通的人家，也要十几万元、几十万元，美其名曰给孩子的未来攒家底。

结果是逼得老夫妻腆着脸四处借贷，小夫妻节衣缩食还钱。

想想，当初我们生孩子，千辛万苦把他养大，是为什么？

是为了让他婚后就背债还账？

即使不用小夫妻还，花十几万元、几十万元买个儿媳妇，人家得怎么使唤才不亏，你想过吗？

二

有个词儿叫"异化"，20世纪80年代时曾经火过一阵子，后来因为被政治化，不大有人敢提了。

其实这就是一个简单的词汇，说的是我们为了A目标而出发，走着走着就偏离了方向，走向了B。

上面讲的例子就是这样，把儿女的幸福A换算成人民币B，然后人民币B就成了目标，一心一意地去追求B，结果儿女的幸福A已经被彻底忽略。

三

结婚是最明确地为了幸福做的事。

可是结了婚就幸福了吗？

如果结婚等于幸福，就不会有离婚的了。

民政部发布《2014年社会服务发展统计公报》，2014年全国共办理离婚登记363.7万对。数据显示，2003年以来，我国离婚率已连续12年呈递增状态。

结婚不是结局，结婚仅仅是开始，是两个人共同去追求幸福的开始。

不是跟他（她）在一起就幸福。

结婚应该更准确地定义为，找一个搭档，跟他（她）一起去追求或创造幸福。

说到这儿，不同意见上来了吧？

小男生小女生，有多少人认为只要跟他（她）在一起，干什么都幸福，怎么过都幸福？

跟他（她）一起在工地上搬砖，真的很幸福吗？

在他（她）的宝马车里哭，真的很幸福吗？

四

宋朝爱国将领辛弃疾的词《丑奴儿》中有几句，"少年不识愁滋味，爱上层楼。爱上层楼，为赋新词强说愁。"把"愁"字换成"幸福"，还是道理。

少年时不知道什么是幸福，所以无知就是力量，大胆地议论幸福、定义幸福。

当有了一定的经历，才知道幸福哪有那么容易，那么简单。

比如你买个小毛驴儿，骑上它颠儿颠儿地在街上走，感觉很开心、很享受、很幸福。可是你不能跟它结婚，它是你的工具，不是你的搭档。

只有两个人合力创造的，才叫幸福；如果一个人创造，一个人享受，那么，就跟骑毛驴儿一样了，只是一个人幸福；如果两个人都不去努力，不去创造，那么，你们是错把猪圈当成幸福了。

前面我们说过异化，这就是爱的异化。

五

谈恋爱时，我们就像孔雀一样，努力把最美的形象展示给对方，所以会赢得对方的爱，包括爱的承诺。

可是结婚以后，很多人都会忘记了继续展示自己的美丽，而是去放纵自己的丑陋，这就是爱的异化。

当你已经不再努力让自己可爱，对方的爱又从哪里来呢？

美学家说，先有美，然后才有美感。

爱也一样，先有可爱的形象或行为，然后才能在对象心中激发出爱意。

如果爱的对象已经不再努力创造可爱的形象与行为，也就激发不出爱意，那么，结果会怎样呢？

六

幸福是努力的结果，而婚姻的幸福是两个人共同努力的结果。

当两个人决定走进婚姻，不是你们两个在一起就幸福，而是你们两个决定一起去创造幸福。他（她）是追求幸福的搭档，不是你回娘家时胯下骑的那头驴。

想清楚了这一点，那么，找对象时应该在意什么？

爱，当然要有爱，爱是前提。除此之外呢？

在意他（她）有没有融入社会、开拓未来的能力。

聊天儿时听朋友说起，有女孩子从筹备结婚时就辞工，结婚之后要养胎，生了孩子坐月子、带孩子，最近四五年都没有工作的计划，没有进入社会的计划，没有关于自己在社会中位置与发展的设想。

"是傍到大款了吗？"我问。

朋友说，"不是，小康之家而已。"

"那就看她储存在丈夫那里的爱够不够用那么多年吧。"我说。

如何抓住流逝的时光

一

因为年后有几件事在规划中,昨天给几个朋友打电话聊聊意向。

交流中,一个朋友问我,"你的公众号有几个人帮你做?"

我说,"哪里有人帮我,只我一个。"

想观点、找资料、写文章、配图片、后台排版校对,全是我一人儿。

货真价实的自媒体。

朋友很惊讶,因为他们企业的公众号,是办公室三个人在做,虽然也都是兼职,但一周仅出两三期,还是不能保证按时发出。

二

老杜从 2015 年小年开始写微信公众号,到 2016 年年底已经写了 350 多篇,光标题就是长长的一串儿,文字量更是已经超过 45 万字,想想都把自己吓一跳。

那么,过去的一年,老杜是不是过得屁滚尿流、忙乱不堪呢?

还真不是。过去的一年,老杜踏踏实实地上了一年班;或办事、或旅游,去了海南、甘肃、陕西;曾经自己在家带 6 岁的幼子过了 3 周,而这期间,每天 1000 字以上的文章,也极少受到影响。

你说,老杜写了一年的垃圾文字,自己已经开始显摆了,是吗?

也不是。老杜是想用自己的经历证明一个非常通俗的大道理:时间就像女人的胸,挤一挤总是有的。

三

那么,老杜是怎么挤时间写出的文章呢?

写文章关键在思路,有了思路,午休、下班、临睡前、开会或长途开车的空闲时间，都可以利用。

去海南求医，驱车在山间公路行驶，转弯处一树红花赫然入眼，惊艳！当时就是这样的感觉。于是海南游记就写《惊艳：一树红花》；

入手一本好书叫《认同感》，阅读时触类旁通，发现认同感是一个可以推广到人生中的概念，于是先后写了《什么样的故事大众喜欢听》《追求认同感，每个人一生都在努力》《找不到组织了，是变革中的中国人普遍的焦虑》三篇；

微商像感冒一样流行，身边、朋友圈儿好多人都去做微商，自己工作内容之一也涉及微商，于是把自己关于微商的思考与困惑写出来，《微商，没本儿的买卖能做多久？——微商猜想之一》《微商，在丛林里晒人品能走多远？——微商猜想之二》《微商，因人品而起步，因什么才长久？——微商猜想之三》《也许，票友才是微商的真谛？——微商猜想之四》四篇。

包括对幼子教育的思考，也可以写成文章《到底想让孩子学什么》《孩子教育的"术"与"道"》与朋友们交流。

身边人、眼前事、即时思，是老杜文章题材的三大来源，所以它与日常工作不矛盾，与日常生活不矛盾。有了思路，方便时用电脑，不方便时就用手机写出来，最后在软件上处理时再仔细修改一下，就可以了。

忙碌中，一年时间转眼就这么过去了。

四

过去有句俗话，"干三年活儿没处找，养个孩子满地跑。"

为什么会有这种感觉？

因为那三年的活儿杂乱无章，没有延续性，没有成长性，所以你也就看不到成绩，也就没有成就感。

可是，养个孩子，从出生到三岁，他从只会躺着到满地跑，身高增长了近乎一倍，满口"爸爸""爸爸"地围着你叫，自然就有成就感。

年轻时老杜曾经酷爱打麻将，腰里别副麻将牌，谁说不服跟谁来。在医院工作的时候，从前院门急诊的医生，到后院看太平间的更夫，都是老杜的麻友。

一年到头，几乎所有的业余时间，自由可支配时间都用在打麻将上。可是到了年底，静下心来一想，这一年干了什么？

空空然，惶惶然。

五

要想不虚度时光,最好选择做一件需要持续努力而且有成长性的事。

需要持续努力,那么你就会时时上心,有空闲就去做,没空闲挤时间也去做,这就解决了时间浪费问题;

具有成长性,会让你每过一段时间都会看到成长、看到成绩,从而坚定信心,坚持下去。

这样的事,最好的例子就是养孩子。所以,你就会理解为什么最在意形象的女人,会在成为母亲之后放弃形象,一心一意照顾孩子。

全世界的母亲都在度过最有成就感的一生。而养孩子持续产生的成就感,弥补了劳碌与岁月对女性最在意的年华与青春的伤害,让她们终其一生为孩子付出而无怨无悔。

缺了的人生课,早晚要补上

一

上大学的时候,老杜不是个好学生,虽然也学习,虽然也读书,其实回头来看,样样浮皮潦草,样样不通。

也逃课。逃得最多的是现代汉语,当时就以为那是最没用的课。

毕业十年之后,首次同学聚会,一位高而帅的中年老师与其他老师站在一起与我们握手,当时也没多想,以为是系里领导什么的。

后来喝酒时他到我们桌来敬酒,大家叫他吕老师,并讲了上课时与他的种种互动。原来他就是我从未谋面的现代汉语老师。

二

现代汉语重要不重要?

问现在的大学生,我想很多人还是会跟当初的老杜有一样的想法。可是后来老杜成为一名专业的文字工作者——新闻记者,天天写文章,很多问题就出来了。

最基本的，比如标点符号的用法，比如"的、地、得"的用法，想着都挺明白，用时一头雾水。

于是命运最有趣的一幕出现了，当初的吕老师、现在的吕教授已经成为研究生导师，他的一位学生成了老杜的同事，与老杜近邻。老杜常常拿着问题去请教，本来的大师兄现在却成了老徒弟。

我还在网上订了两本这位同事推荐的大学《现代汉语》课本，准备认认真真地补课。

可惜我能够漫天要价，生命却一定是就地还钱。想法太多，时间太少，注定大多数梦想只能是梦想。这套课本，现在成了我书架上众多没有读过的书之一。

但有研究生高邻在，时时请教依然方便。

三

长子小时候，我是万能工，洗澡、换尿布、喂饭、送托儿所，样样拿手。

那个时候穷，没有现在的条件。天天骑个自行车接送孩子，在后座上固定个小椅子，孩子就放在椅子里。夏天太阳晒，我又用粗铁丝给儿子支了个遮阳棚儿。不到一岁的孩子坐在椅子里看不到外面，就用胖胖的小手揪着棚子上的布帘，从露出的缝隙往外看。

长子三岁的时候，我把他送到爷爷奶奶那里，从此与爷爷奶奶一起生活，直到十五六岁。可以说，孩子从幼儿园到初中毕业，这一段时间，我这个做父亲的是缺课的。

于是幼子来了，从幼儿园开始，每天早送晚接，风雨无阻，我在补自己年轻时缺的那些课。

四

读高中的时候，我的语文老师是我家的近邻，她的爱人与我父母同是绥化师专的同事，她的儿子与我是同班同学，还是好朋友。

高中这几年的时间里，有事没事，放假过节，出我家进她家，就像走亲戚。

我参加工作几年后，已经退休的老师来我工作的城市看儿子，辗转找到我的电话，告诉我她来了。

可是我竟然没有去看她。

到底为什么没去？我多年也没有弄清楚。我人生中的那段时间多病、多烦、多事，焦头烂额，一地鸡毛。现在回看，脑海中依然一片混沌，就像看雾霾中的世界，一切都模糊不清。

五

二十年同学聚会的时候，我像见了长辈亲人一样地凑到老师跟前嘚瑟，老师冷冷地不理我。我这才发现不对劲儿，找到她的儿子我的同学问情况。

现在想来，同学真是个厚道人，老老实实地告诉了我原委。我如此对待一个有恩有爱于我的长者——他的母亲，她心里对我也应该是有气的。

我赶紧过去抱着老人肩膀检讨，说我错了，当时肯定有原因，但是那不重要，我错了就错了，我道歉，你别生气。我嬉皮笑脸地趴在老人的肩头跟老人说这些话，就像是在对自己的母亲说话，老人笑了。

是啊，哪有不谅解孩子的母亲呢！

六

在工作中，因为负责培训，所以跟很多新来的年轻人走得很近。

现在的年轻人真的有才华，一听就懂，一教就会。而且，在工作中创造性地发挥，会做出你预想不到的精彩。

哪个老师遇到这样的学生都喜欢，都愿意多下些工夫教。发现了他的一些毛病，也会乐于指出，让其有所注意。

可是，同事不是师生，即使是上下级，在老杜从事的新闻行业，也没有机关那么明确的等级关系。尤其是一些聪明、有才华的年轻人，翅膀硬了谁都想飞。

这个时候一个"老白毛"在一边唠唠叨叨、总挑毛病就很烦人了。

于是心理渐渐地起了变化，从最初入门茫然无措时遇到领路人的感恩，变成了长大的孩子对老人絮叨的反感。

甚至，会在有机会时暗中给你一脚。

七

在人的一生中，我认为阅历、毅力这两个词非常重要。

为什么阅历、毅力重要呢？

阅历让我们成熟，毅力让我们坚守。

随着阅历的日渐丰富，一个人才能融会贯通地看世界，不再局限于一时一事；

由于毅力的长期坚守，一个人才有足够时间与机会把一件事做好，把一个道理看透。

想清楚自己年轻时对恩师的荒唐，就不会对曾经对自己翻脸或反目的小同事们耿耿于怀。如果说谁是"中山狼"，我自己就曾经是，我的冷漠造成的伤害无异于去咬恩师一口。

这也是一种补课，只不过补的不是具体的知识、具体的经历，而是人生中的认识、成长、心路。

这也是人生有趣又惊悚的地方，经历过较长的一段时间回头看，你就会发现，曾经缺了、逃了、漏了的课，都得一样一样地补上。

第七章

商业世界需要商业头脑

零成本只是降低了你入市的门槛,却不能提高你做生意的情商。经营是需要商业头脑的,而商业头脑不是谁都有的。淘金客能从沙子里发现金子,游客却只能看到一片海滩。

没本儿的买卖能做多久

一

微商已如病毒一样流行。

打开朋友圈，各类鸡汤、情怀中间，穿插着一个个的微商宣传，图文并茂、美轮美奂。我的记者同事曾经对微商作过专题式的报道，亲自见证了微商雨后春笋般的崛起和生意的火爆。

这一切传播的信息似乎是，这是一片待开垦的、肥沃的处女地。

大背景是中国经济增速放缓，各项指标下滑，各类市场主体抢钱、捞钱的日子已成过去。潮水渐渐退去，露出了一个个没穿裤衩的裸体，在退潮后的尖牙砾石上挣扎辗转。

既然打工挣不到钱，那就创业吧，何况，相关部门出台了那么多支持创业的政策和措施。

可以想见，在不久的将来，微商更将大举入市，侵战朋友圈的领地，"十个微友九个商"将是不久之后的朋友圈状态。

二

然而，让我们回头理一理，微商经营的货品是怎么来的呢？

一种微商是自制，特点是自己制作、自己销售。如手工蛋糕、便当、海鲜外送等。料是哪里都能买到，独特的是手艺，如蛋糕，保新鲜、无添加剂；如便当，料足、味道好等。

这类微商不会多，因为不是谁都有独特的手艺，也不是谁的手艺都能得到市场的认可。

一种微商是代购，海外有人或渠道，利用境内外价差赢利。先在朋友圈里晒图片，等有人下单，再让海外的人去购物寄回来。这类最多，因为不占时间，不占资源，零成本，只要自己有个海外的渠道，或是留学生，或是驻外的公职，或是频繁往返如空姐等，在朋友圈发一堆图片就可营业。

也因此，这类微商是典型的票友式，没有成本，也就没有压力，玩着干的结果往往就剩下玩票。能坚持下来并能够存活的仅仅是极少数。

一种微商是分销，其货品是成熟的市场商品，这是微商里最传统的一类。如自己代理一款面膜，然后再向下招分销商，层层加价，这种微商其实就是传统的二级三级 N 级批发商，直到最底层是不开门店的零售商。

这类是假微商，只是把经销网络搬到了微信上而已。但是，虽然是假微，却大都是真商，是成手或成熟的商家。微信不是他们唯一的渠道，仅仅是为他们增加了一个渠道而已。所以，他们站住脚的机会相对更大些。

三

"全民皆微"的时代就在眼前。

从全民炼钢、全民下海到全民炒股，风一阵一阵地刮，剧一场一场地演，到头来不是闹剧就是悲剧。

微商也不会例外。一哄而上的结果，必然是不久后的一哄而散。贴图片的因为没有生意而失去了兴趣，货压在手里销不出去的或低价处理给亲友，或干脆分送给闺密。生意做不成，货却是正牌的行货，用是没有问题的。

当初有多少人从海南"呛水"而回？不久就会有十倍百倍的人从微商铩羽而归。

微商最大的优势是成本低，不用压货，不用门店，不用装修，几乎零成本，是典型的"没本儿的买卖"。

然而零成本只是降低了你入市的门槛，却不能提高你做生意的情商。经营是需要商业头脑的，而商业头脑不是谁都有的。淘金客能从沙子里发现金子，游客却只能看到一片海滩。

是游客还是淘金客？上微信贴图之前，最好还是先自我衡量一下吧。

在丛林里晒人品能走多远

一

老杜好像惹事儿了。

昨天有感于社会上对微商不负责任的推波助澜，说了点儿心里话。说话时忘了自己的朋友有一些正在试水微商，感觉大家好像有想揍我的。

我跟微商没仇，我也希望大家都发财。我只是想提醒大家，经商也是一门专门的本事，你有微信，不见得能做微商。不能因为可以"微"，也就以为可以"商"了。

书归正传。

昨天咱们说了微商的货从哪儿来，今天咱们说说微商的货怎么卖。

怎么卖？

朋友圈卖呗！

把货品摆好，拍照，上传朋友圈；再加上或浪漫或卖萌或体验式的介绍；等有意向的朋友微信或电话咨询，再介绍货源、货质、价格……最后加上一句话，我你还信不着么！或，我还能骗你么！

得，友情加人品，为货品上了双保险。

二

这种销售模式新颖吗？

想一想，以前，你见没见过与这种模式相似的营销？

其实，这就是熟人营销。做熟人生意，这个思路就不新颖，传销就是臭名昭著的典型。传销组织里一句相当著名的话就是"骗你是因为我爱你"。

保险销售也是做熟人的生意。凡是买了商业险的微友，想一想，你的保险是谁推荐给你的？亲友，绝大多数都是知己的亲朋好友。

还有，就是已经流行多年的"什么利""什么德"，也都是从熟人做起。

熟人，到了微信时代，就是朋友圈。只不过以前没有朋友圈这种表述而已。

所谓微商，除了微信这个渠道是新的，其他没有什么新东西。

三

做熟人生意，靠的是什么？

货品加人品。

货品好，人家才有购买的欲望；人品好，人家购买才不担心被骗。

可是，问题来了，正在做着微商的亲们，有多少人能够保证货品的货真价实呢？

换句话说，你怎么保证你的进货渠道不出问题呢？

比如一个卖名牌包的微商，他的货是从哪里进的呢？

他有表妹在英国读书，还是有表姐在国际旅行社做导游……

都行，但首先他得保证这个表妹还是表姐不骗自己，不是收了钱在广东某村买高仿蒙人。

这能保证得了吗？

这就不仅是一个人的人品问题了，而是这条生意链上的每个人的人品都必须没问题。

这可就有点儿复杂了。

四

老杜也曾经在朋友圈儿里帮两个做微商的亲友做过推荐，老杜的推荐语是这样的：××微店，保证人品，保证信誉，其他我不懂。

在这里，老杜能够保证的也仅仅是这个亲友本人的人品和信誉。而任何商业经营，都是一个链条，不可能是点对点的从甲到乙。那么，链条上的其他环节，我怎么能够保证呢？

在传统的商业世界里，经过多年的建构，法律法规已经比较健全。一个商品往前往后，都能一环环地找到生产或供应商，如果出了问题，终有踪迹可循。这就叫一条线上的蚂蚱，蹦不了你，也跑不了我。

微商不一样。微商刚刚兴起，目前仍属于拓荒状态。进货、进料均无监管，出货、出品亦无规范，物竞天择，野蛮生长，丛林法则在一定范围内适用。

什么是丛林法则？牙尖嘴利胳膊粗，力气大者称王，就是丛林法则。

在非洲草原上，狮子从来不跟角马谈人品；在南美丛林中，蟒蛇也不会跟美洲豹讲人品。丛林里是不需要人品的。在这样的地方，凡是以人品为桥梁或基础的建筑，都是海市蜃楼。

五

传统商业世界里，商人们靠品牌、靠门店、靠发票、靠法律约束保证的货真价实，在微商世界中基本成了"一句朋友你会懂"。

靠谱吗？

《大庆日报》2015年1月27日《海外代购，还有啥不能造假？》一文中报道了这样一个案例，一个叫小白的微商，"做海外代购微商的这一年里，他没有出过国，自己手里也没有货，全部都是有人要货，他再找旅行社买货、发货，用小白的话说：'我唯一能确定的就是我选的快递公司真假。'"

而小白的生意，一直在朋友圈热热闹闹地经营着。

他的生意会做很久吗？

也许，他都没有想过这个问题。在小白的心里，朋友圈也就是一个路边摊而已。

因人品而起步，因什么才长久

一

两篇讨论微商的文章发出去，朋友基本分成两个阵营，不是对立的两个阵营。

凡是正在做微商或与微商沾边儿的，意见大都是谢谢我的提醒，我理解这意思约等于"呵呵"，他们中的一些朋友与我发生了比较深入的讨论，这些我们以后再说；一些本来就讨厌朋友圈卖货刷屏的则表示严重支持。

首先我要声明，我是不讨厌微商，也不讨厌朋友圈儿卖货刷屏的。我是微商的支持者，坚定的支持者。对于微商，我是因为喜欢而关注，因为关注而深入，因为深入而担心，因为担心而批评。

表态完毕，说正事。

二

连说了两篇微商，简要分析了微商的进货出货，探讨了全民皆商的不现实，探讨了微商时代人品营销的不靠谱，里面有很多的负能量，这一篇，上正能量。

虽然微商目前还有很多的问题,但是因为微信的产生而降低了经营者入市的门槛,创新了经营的渠道却是不争的事实,所以,新一波创业浪潮势不可当。

老杜挡不住,也没想挡。只是想把自己的判断说出来,供正在犹豫中的朋友们参考。

因为微商起于朋友圈,所以人品在初始经营中会起到很大的作用。当你开始做经营的时候,你能够提供独特的货品,提供人们需要的货品,但是要实现交易则需要品质保证,微商的经营方式大多以贴图为主,看不到真货,摸不到质感,怎么相信你?

人品,这个时候,人品是你打开市场大门的敲门砖或叫质保证书。

上一篇已经说了,在丛林里晒人品不靠谱。但是,目前还没有比人品更靠谱的质保。而且,人们往往并不要求做到百分百无风险。你的第一单到第十单,可能都是卖给了朋友。朋友需要你的货品,朋友相信你的人品。这也就是周华健的"一声朋友你会懂"。

三

但是,想一想,你的朋友圈有多大呢?

一个普通的创业者,创始期的朋友圈能有200人~300人,差不多,最多也超不过500人吧。

这500人里,有多少人需要你的货品呢?

10%?

你可以做50单生意,这10%能够重复下单,比如海鲜外送。那么150单,怎么样?你做一份生意,靠这150单能够支撑多久?除非你想永远兼职,也就是我们说的票友式,玩玩。

如果你真正想当作一份生意做,甚至当作一份事业做,至少能够养活自己,养活家人。那么你怎么办?

扩大朋友圈,往朋友圈里拉人,拉附近的人,拉朋友的朋友、同学的朋友、客户的朋友。

那么,问题来了。

后进来这一大堆人是你朋友吗?你的朋友圈还是朋友圈吗?

创业初始,先有朋友圈后有微商;而之后再拉进来的人,已经跟友情没有什么关系了,也跟你的人品没有什么关系了;这些人跟你的关系就是经营者与消费者的关系，你的朋友圈应该改名了，改叫商圈比较合适了。

四

在你的商圈里，你是经营者，他们是消费者。大家之所以购买你的商品，一是需要，二是基于既往消费过程中对你的商业信誉的肯定和认可，简称"商誉"。虽然仍然与人品有关，却不能以人品称之了。

这样，微商发展的路线图就出来了。首先，凭借人品，打开市场；其次，建立商誉，扩大商圈；最后，通过稳定持久的商誉，与商圈里的消费者建立起良性互动关系，形成良性循环。一个微商，最终回归传统商业世界。

微商，没人品的无法起步；只靠人品的无法做大；没商誉的走不了多远……

也许"票友"才是微商的真谛

一

老杜年轻时喜欢争论，遇事而争，从不肯轻易认输。后来发现，这些争论大多没有意义，因为大家往往不在一个频道上，就像海德格尔的"存在"与萨特的"存在"根本就不是一个意思。你怎么争？

争论重在争而不在论，争是为了胜，不是为了明理，所以老杜渐渐地就不争了。半世坎坷，一生愚钝，老杜知道自己缺啥，所以只想明理。

讨论是明理的好方法。讨论的重点在商讨，经过商讨得出结论；或者即使得不出结论，也因为能够充分地商讨，而互相了解，并能够明了对方的立场、观点，让自己有机会换位思考，从而在明理的路上有所收获。

二

为什么发这么一通感慨呢？因为这几天与朋友们关于微商问题的几场讨论。

老杜关注微商问题很长一段时间，心里逐渐形成一些意见和看法，拿出来与朋友们交流。但独思易深也易偏，所以，交流很重要。下面是微商队伍里的一位朋友关于微商的一段讨论：

> 我觉得微商谈不上创业，就目前微圈条件，还形不成气候，只是不太占用时间的、非常灵活简便的业余生活选择之一吧。
>
> 微圈及微店跟淘宝相比，流量是相对封闭固定的（目前出现加粉软件，但我没敢尝试），销售是直款，没有售后服务的（走淘宝或熟人之间以及人品好的除外）……
>
> 一个是客流量有限，一个是交易模式不成熟，除非解决这两大问题，否则它不可能形成气候。但是它的优势就是简单灵活随意，作为业余生活方式的一种选择还是挺不错的，可以汇集八方臭味相投者，流通一手敝帚自珍货，相当地乐此不疲啊！

三

这段话里包含几个观点：

1. 微商只是一种业余爱好（业余生活选择之一）；
2. 受交易模式和售后局限，微商目前还形不成气候；
3. 作为一种业余爱好，做微商很享受。

朋友有自己稳定而上档次的工作（高校教师），有自己的爱好，开一个微店，与有相同爱好的朋友们交流交易，至今已有半年左右的时间。浸淫其中日久，见解与心得自然贴切而中肯，启老杜愚思。

在微商队伍中，确有这么一类人，他们首先是喜欢某一类"玩意儿"，这"玩意儿"是老北京话，指的就是人们业余时间的雅好，可以是玉石，也可以是蛐蛐，统统称之为"玩意儿"。这些喜欢"玩意儿"的人们之间本来就有交流与交易，有了微信，交流与交易不仅多了个渠道，还更加方便了。

他们的交流与交易多在相同爱好者之间发生，也就是微友说的

"臭味相投者"；交流交易的"玩意儿"，也就是微友所谓的"敝帚自珍货"。

这类人，不是以微商经营为主业，交流与交易重趣不重利，但有趣亦有利；其经营时间则是在工作之余。这是典型的票友式微商。

四

"票友"是老杜写文章常常能够用到的一个概念。在老杜的生活里，它已经如厕所、聊天儿之类词汇一样，成为交流的基础，也就是交流理解的前提——前理解。但在80后、90后的生活中，这个词就有点出土文物感，有小朋友向老杜问起，所以，今天稍微解释一下。

下面这个解释是从好搜百科上抄的："票友"是戏曲界的行话，其意是指会唱戏而不以专业演戏为生的爱好者，即对戏曲、曲艺非职业演员、乐师等的通称。相传清代八旗子弟凭清廷所发"龙票"，赴各地演唱子弟书，不取报酬，为清廷宣传，后就把非职业演员称为"票友"。

取其"非职业"的意义，老杜把做微商而不以其为职业的微友称为票友。

因为非职业，所以无压力；因为交易的是"臭味相投者"，经营的是"敝帚自珍货"，所以有趣味；经营又能带来利益，一举三得，君子可为也。

五

正如本文标题所说，也许，"票友"才是微商的真谛。至少，目前是这样，我以为。

为什么？

朋友三个观点中的第二个说得很清楚，目前，微商受到交易模式和售后的限制，都是直款，我买了你的东西，打了款，你连个发票都没有；你的货品连个出厂合格证都没有；你自制的蛋糕，连个卫生许可证都没有。

我唯一相信的，就是你的人品，顶多再加上我们的友情。这两点其实都非常不靠谱，相信你人品、与你有友情的也不会太多，所以出货量不会很大。

再就是售后。我从商场买一个包，拉链坏了，两年后他们还给你修。微商们根本就不具备售后的能力，就没有售后。除了自制蛋糕、便当、海鲜外送不需要售后，绝大多数需要售后的商品人们还是不敢从微商处购买。这个对微商经营范围的限制也是很大的。

六

出货量受交易模式限制，货品种类受售后服务限制，要想在微商大干一场的朋友们可要小心了。

微友在讨论中还提出微商可以借鉴淘宝的交易保障机制，但淘宝是网商交易平台，微商目前还没有类似的交易平台，微商自己也建不起这个交易平台，这个属于市场的"七通一平"和基础设施建设，只能期待财雄势大的企业来投资了。

下面附赠"票友式"微商朋友对联一副：
上联：汇集八方臭味相投友
下联：流通一手敝帚自珍货
横批：乐此不疲

除了挣钱，企业该有其他目的吗

一

在微信上看到一篇文章，说马云上了《福布斯》杂志的封面，但角度不是表扬，而是批评。

内文中一位"英国爵士"说，商业有其基本规律，它的作用不只是买卖商品，而更重要的一个作用是把人、公众吸引到大街上去。当他们为了购买一件满意衣服而一家、两家店铺地寻找的时候，他们很可能发生远超过一件衣服价值的"随机消费"。比如吃饭、看电影等。而且，市民这样的逛街行为，使得一个城市产生了巨大的活力，它是重要的城市景观。

所以，"爵士"认为，电商不是拉动社会消费的好办法，反而是在毁灭消费。

二

这位"英国爵士"的观点让老杜颇有感慨。

现代企业管理一个重要的进步就是分工，最明显的例子就是流水线工人，在一条长长的流水线上，两面坐着两排工人，流水线缓慢地移动，工人们把经过自己眼前的产品拿下来，或安上一个元件，或拧上几个螺丝，然后再放回去。整个工作时间，这个工人只重复做这一样工作。

流水线的本质是什么？是把任务简单化，目标简单，目的明确，所以企业的产品质量性能才有保证。

这是说工人，企业也是一样。电器生产企业，当然是集中精力做好电器去挣钱；电脑软件研发企业，当然是努力研发软件去挣钱，这是这个企业存在的理由，也是它生存的根基。

你说不行，企业得承担更多的社会责任。要造福社区，比如为社区投资健身器材、为社区公园增添设施等；要关爱职工，比如企业建浴池、运动馆、办面点铺、种菜；要福泽社会，比如开商场、修马路、建公园、办学校、办医院等。

我说到这儿，你就熟悉了吧？这不是我们的国有企业曾经或正在干的事儿吗？比如龙煤集团？比如大庆的石油企业？

三

可结果呢？

国企都在退出吧。大庆企业办的商场赔黄了，学校、医院都移交给政府了。如果企业办得好，为什么不继续办呢？

术业有专攻嘛！该干什么的干什么，会干什么的干什么。该政府干的，政府干；该企业干的，企业干；该社会团体干的，社会团体干……

我们现在的体制改革、经济改革、社会改革不正是朝着这个方向努力吗？

认可了这一点，我们再回头看"英国爵士"的观点——"商业有其基本规律，它的作用不只是买卖商品，而更重要的一个作用是把人、公众吸引到大街上去。"

这不是胡说八道嘛。商业不只买卖商品，还要勾引人们上街，你给企业安排的任务？

四

哪个老板把勾引人上街当作经营企业的目的？

如果人们坐在家里就可以购买、消费到我的商品，我为什么要把人们拉到大街上？即使是开饭店的，也不是希望你上街，而是希望你成为他的顾客。

现在，成为饭店的顾客不一定要上街，你打个电话、发个微信订餐，就能送到你家门口。

所以，在今天这个大雪纷飞的日子，老杜坐在家里电脑前码字，一点儿不担心中午没饭吃。

不要为企业增加莫名其妙的社会意义，仅仅挣到钱这一项，就够企业家们操心上火的了。

人们上街，有各种理由，购物仅是其中之一而已。

老杜不是说企业没有其他社会意义，但那些意义是企业老板以赢利为目的的经营活动的衍生品，或叫客观效果，不是他的本来目的。

这个要分清楚，否则，主次不分，企业怎么会办好？

五

现在整个社会经济都在转型升级的阵痛中，市场收窄，效益下降，是很多企业共同面临的问题。这个时候，企业家们是怎么应对的？首先减掉的就是对社会的各种支持与服务，关闭赔钱的商场，转交学校、医院，把企业的全部财力用到挣钱的业务上。

这说明什么？

能裁掉的项目都是不重要的项目。如果压力足够大，企业会减掉其他一切对经营创收不利的项目，甚至连非一线生产人员都要裁，让企业的一切都只为赢利服务。

到了这个时候，你还不清楚吗？赢利才是企业唯一目的。

六

那么，你会问，老杜，你这不是鼓吹企业家当守财奴吗？

别误会，老杜没那意思。

我只是想跟朋友们谈我的一个观点：企业就应该以赢利为唯一目的，这是企业的本分。看看街头隔三差五一换的招牌，你就知道这是一件很难的事儿，能办明白这一件事儿就是优秀企业家。所以，不要用各种莫名其妙的社会意义来给企业添乱。

而且我也没有劝企业家把钱都揣兜里或摞床底下。

如果一个企业家心地善良、热心公益，那么，他可以另开敬老院、孤儿院，捐钱给红十字会，这些事情他可以努力去做、尽情去做。这是好事，老杜举双手赞成。

但有一条，不要让他所办的企业分心去做这些事情。

企业是怎么成为"僵尸"的

一

20年前，老杜是跑线记者，负责的"线"是乡镇企业。

当时有两件事让老杜记忆犹新。

林甸县一个镇办了个塑料降解膜企业，生产的主要是农民扣地膜用的塑料膜。

普通的塑料膜报废后变成白色垃圾，污染环境，要几十年或更长的时间才能分解成无害的物质。

而这个企业生产的塑料膜可以降解——也就是迅速分解成为无害的物质。而且降解时间可以控制，想什么时候降解都可以。

二

这种产品解决了农田地膜白色污染问题，是农业生产资料的一个进步。

当时的市、县两级乡镇企业局向报社推荐，建议我们重点采访宣传。

我去红旗镇采访，受到了时任镇党委书记的隆重接待并亲自陪同，企业厂长亲自介绍情况，分析市场前景。

我之所以如此啰唆地介绍过程，就是想把大家带进当时的现场，感受政府扶持企业的苦心、历程及后果。

三

另一件事是肇州万宝乡一个青年农民要办养鸡场。

当时各乡镇都在大上乡镇企业，我参加了一个县乡镇企业局的协调会。

这种协调会常开，目的是帮助农民（也可以叫乡村企业家）解决办企业过程中遇到的各种问题。

一个农村青年张罗在自家院子里办个养鸡场，养5000只鸡，问问乡企局能不能帮忙解决点盖鸡舍的材料。

当时就有乡企局这边专家说，5000只规模太小，你养5万只吧。

小伙子说，哪有那么些钱？这钱有一半都是我爸出的。

这个专家又给小伙子讲什么是规模效益，规模越大，单位成本越低，市场竞争越有优势等。

四

专家指导，领导鼓励，并协调乡企局专项扶持资金，协调银行贷款，协调村里免费拨出一块地建养鸡场。

于是小伙子决定建可容纳5万只鸡的养鸡场。并预留出土地，如果市场前景看好，就上二期，鸡场扩建到可容纳10万只鸡。

这两个企业，我都写出了满满正能量的新闻报道。

几年后，当我再次去寻找这两个企业，它们都已经不存在了。

据说，塑料降解膜卖不出去，养鸡场遭遇了鸡瘟。

五

过后，我一直在想，这种扶持对不对？

这个问题我想了好多年，直到最近，因为参与讨论目前这一轮产能过剩，我才弄明白这种扶持到底错哪儿了。

这种扶持干扰了企业经营决策。

一个农民办养鸡场，没有多少资金，也没有什么经验，他只是想用有限的资金去试一试，风险在他自己能够承受的范围内。

可是乡企局的扶持让这个农民在没有经验、没有科学的市场调研的前提下，贸然建设了一个可容纳5万只鸡的养鸡场，不仅投入了自己更多的资金，还把政府的扶持资金、银行的贷款全押了上去，结果，因为缺少养鸡场管理经验，一场鸡瘟，一切投入都归零，原本是一家一户的损失，结果变成了农户、银行、政府三家的损失，额度也扩大了10倍。

六

扶持还造成市场资源配置功能失效。

一个企业该扩大规模还是缩小规模，甚至收束转向，本应由企业经营者根据市场供需来判断。

比如一个企业，本来因为技术落后、效率低下而产品滞销，市场传达的信号是要这个企业转型升级或退出市场。

可是有关部门从稳定或是地方 GDP 的角度，不允许这个企业退出市场，采取地方保护手段，规定政府部门都要采购这个企业的落后产品。

结果造成这个企业产品短时间供不应求，企业于是扩大再生产，生产更多的质次价高的产品供应市场。

而对企业的这种扶持却只能在一时有效，一旦放手，企业马上跌入深渊。而如果企业早早转行或转型升级，因为当时船小体轻，就更易于转向。

七

扶持还造成银行资金流向偏离。

银行该把资金投向哪里，不该投向哪里，自有市场化的运作。可是在有关部门的干扰下，银行把资金投向了不该投的企业、行业，那么，应该投钱的行业就得不到资金。

结果是该长大的因为缺少营养而长不大，本来就病入膏肓的如何输血也救不活，空耗资源与时间。

最终结果是市场一票否决，把企业踢出去。

这种对企业的扶持就像家长对孩子的爱，非科学、非理性、非市场。

说了这么多，老杜不仅仅是想反思乡镇企业的前车之鉴，而且是想通过反思乡镇企业的得失来映射今天的国有企业。

八

乡镇企业职工少、影响小，没了就没了。许许多多盲目上马的大型国企却不能说没就没。

以产业过剩最严重的炼钢行业为例，"拆 2 座 35 吨转炉，就涉及 2500 名工人，背后是 2000 多个家庭。很多职工贷款买了房，收入没了，房贷咋还？"

企业不能没，就得输血继续生产，于是产能更加过剩，企业成为"僵尸"。

当"僵尸"企业达到一定规模，必然拖垮银行，累及整体经济。

乡镇企业的起落是今天国有企业的缩影，乡镇企业的历程就是国有企业的历程，大量的因产能过剩而必然淘汰的企业，大量的"僵尸"企业，正在步乡镇企业的后尘，走上一条不归路。

不让企业死去不是市场经济

一

马云有一个观点，互联网企业很难长期领先。

因为互联网时代是一个新时代，它的整个的行为规范与风俗习惯都与我们所处的旧时代、旧大陆不同，众多企业纷纷在新大陆抢滩登陆，肯定有些企业在某一方面暂时领先。这领先，有三种可能：

一种可能是企业在探索中摸对了方向，比如微信；

一种可能是有天才的领路人判断正确，比如乔布斯；

还有一种可能是碰巧摸到了风口上，成了风口上的"猪"。

这第三种可能的例子不好说，说了太得罪人，我们不妨类比地说明一下。

你可以问问那些炒股的人，很多人都有过瞎选个股票就撞上涨停板的。这和他的努力与智力都无关，就是概率事件。

二

成了风口上的"猪"固然很美，可是概率事件的一个特点就是幸运的不会永远是你，而且下一次就可能不是你。当你还飘在风中沾沾自喜地忘乎所以，忽然，风停了，你，说得好听点儿，叫硬着陆，说得实在点儿，就是摔地上了。

这才是最惨的时候，你的企业摔得头破血流。

所以被收购的诺基亚 CEO（首席执行官）才会说，我们没有做错任何事情。

你确实没有做错任何事，只是，风停了。

每一波经济浪潮都会崛起一批新企业，都会死掉一批不适应的企业。这死掉的不适应的企业，不一定都是老旧的企业，也有一大批创业企业。

创业者的企业其实更脆弱，所以，才把肯出资支持他们的人叫"天使"，这样的资金叫"天使基金"。

三

市场经济，适者生存。适应的企业继续生存下去，不适应的企业死掉。

然后其可利用的部分进入新企业，重新成为新企业的组成部分，在新的企业里继续发挥作用。

这就像死去的人把眼角膜捐出来，帮助失明的人重见光明。

这样，让该死的组织死去，能用的组织继续发挥作用。这就是市场经济无形的手的作用。

四

可是，常常出现的问题是，该死的企业不肯死去，还要大量地输血，做垂死地挣扎，甚至梦想起死回生。

龙煤集团是我国东北最大的煤炭企业，2004年由黑龙江省的鸡西、七台河、鹤岗、双鸭山四大国有重点煤矿联合组建，煤炭产量约占黑龙江省的一半。数据显示，龙煤集团2011年尚净赚8亿元，2012年则净亏8亿元，2013年净亏损扩大到23亿元，2014年亏损接近60亿元。

这样的企业，居然能一直靠输血活着。直到2016年，才作出分流10万人的决定。

五

这样做的结果是经济效率低下，垂死的企业占用大量社会资源，而新生的企业则资源不足，动力不够。

该死的死不了，能活的活不好。这就是伪市场经济。

这样的问题在东北最为明显。

老杜曾经撰文《春天何以雁南飞》，现在想明白了，南飞的大雁就是这些垂死企业的可利用资源，他们不想成为垂死企业的陪葬，在本地又找不到可以接纳他们的新企业，就只好撇家舍业雁南飞。

六

在一定的时间一定的范围内，资源总是有限的。

该死的不死，霸占着大量的社会资源，那有生命力的企业自然营养不足，活力不够。

而且，因为有大量的类似"僵尸"企业盘踞在市场中，整个社会还要为它们输血，而它们却只能向社会排放脓水与烂肉。这样不仅使整个市场无法显现活力，而且还乌烟瘴气、臭气熏天。

而因为市场缺乏活力，"僵尸"企业身体上有用的器官也无处消化、无法分流，于是大家一起腐烂下去，直到整体成为废墟。

这就是伪市场经济的悲哀。

互联网时代的好企业是怎么来的

一

甲午海战失败，中国赔给日本两亿三千万两白银，还割了台湾岛。

打了这么大的败仗，当然要追究责任。北洋水师提督丁汝昌是李鸿章提拔的，御史们发现丁汝昌当水师提督之前是骑兵军官，于是就在参李鸿章的奏折上列上了这么一条——任用私人。

丁汝昌是李鸿章的旧部下，还是骑兵军官，用这样的人当水师提督有什么理由呢？当然就是任用私人了。

仅从表面上看，这些都是事实，这李鸿章任用私人的罪名，应该是没有问题的。

确实，在甲午战争过后的这一百二十年里，这李鸿章一直是百口莫辩的卖国贼。

二

那么，李鸿章为什么要任用丁汝昌呢？

首先，这里要澄清一个误会，丁汝昌确实做过骑兵军官，但在做骑兵军官之前也做过水军，在刘铭传手下。

但是，李鸿章重用丁汝昌为北洋水师提督却不是因为这个，或者说这仅仅是其中一个原因。李鸿章手下不缺懂水战的人才，在当时的北洋水师，刘步蟾、方伯谦等各舰管带都是留过洋的。

李鸿章用丁汝昌，更重要的原因是看重他在官场历练日久，为人沉稳持重，管理与协调能力比较强。

其实直到现在，我们选用干部，管理协调能力还是非常重要的一个考核指标。

当然了，老杜这里说的是正常的干部考核任用，不包括任人唯亲、任人唯钱那种。

三

为什么干部的管理协调能力这么重要呢？

还说北洋水师提督这个岗位吧，这个岗位，对内要管理协调各舰管带，这个比较容易，学历够、懂水战基本就可以；可是对外就非常麻烦，一是上面的兵部、户部之类，相当于中央军委及各中央机关，需要时常打报告汇报；二是因军饷军需、战舰巡航驻防等与各省各部门之间的关系，尤其是在晚清，中央政府对地方控制力削弱，很多事情只能协调，命令不好使。

这样的差事，一直在军舰上的刘步蟾等人是做不好的。

李鸿章看中的就是丁汝昌为官日久，懂得官场运行规则这个重要的优点。

四

老杜年轻时当过"保"领导的记者，接触过一些地方上的大员。曾经听过一位比较大的领导讲为官之道，他说，所谓领导，就是把各种各样的人运用管理、协调、监督等手段统一到你所设定的道路上来，让大家向一个共同的方向努力。能做到这一点的，就是好领导。

这样的观点，与李鸿章选用丁汝昌的理由其实是一样的。所谓领导能力，重在管理协调。

然而，今年，老杜却看到了另外一种表达。

这是一个互联网公司的内部材料，这个公司的老总要求公司的中高层干部们把精力放到开发市场与新产品中，不要放到企业的管理工作上。

他说："对于好的企业来说，每个人的工作都是开发和开拓。这样的企业是不需要管理的。什么人需要管理？一部分人跟不上或价值观与我们不同的人。这样的人，就是企业的垃圾或负资产。对于这样的人，让他们离职就好了，哪有时间和精力消耗在他们身上。"

五

这样的观点，雷人吧？

所以，它只能是企业内部资料。

可是，这样的观点，真的雷人吗？

老杜有朋友是房地产开发商，有活儿干的时候，公司上下几百号人，闹闹哄哄，乱乱糟糟。没活儿的时候，就剩三五个人的小团队，天天在一起喝茶、打麻将，有时连一桌麻将都凑不齐。

这哥们儿就是不养人，他宁可高薪招他认为有用的人。用完，发一笔钱，咱们拜拜。

这哥们儿说，没事养一堆人，麻烦太多。能人没事闲着就会生事，因为他闲不住；没才能的人没事时就会整事，因为他干活没本事，只能打小报告、传瞎话、挑拨同事、巴结领导。时间一长，你就天天断官司吧，什么事也干不了。

六

不同的时代，社会组织结构不同，现在是互联网时代，它的组织结构特点是网状结构。

而在互联网时代以前，人类社会的组织结构一直是层级结构。成熟的层级结构的历史至少可以追溯到秦始皇。

在层级结构的组织里，管理与协调就比较重要，比如丁汝昌的北洋水师提督，上下左右都要协调管理；而到了互联网时代，社会组织结构的特点是网状结构。大家都是一张大网上的一个个节点，无所谓上下级，无所谓谁管谁，大家因事而聚，事毕则散，就像老杜朋友的房地产公司。

谷歌等新兴的互联网公司内部更是这样一种组织结构。

公司只是一个平台，内部各个创业组织都是平台上的一个个节点，大家各有各忙，忙的都是自己选择、自己喜欢的事，彼此无所谓谁管谁。在这样的公司里，就很少需要专门的人去做管理与协调了。

七

社会组织从层级结构进化到网状结构，现在刚刚开始。而对于我们这些习惯在层级结构的组织里找位置的人来说，网状结构的组织会很不适应。

现在社会上流行读《弟子规》，并以之为传统文化的代表，甚至连幼儿园的孩子都在学。可是，《弟子规》传递的是层级结构社会时代的价值观，它不是错的，却是过时的，当然这是我个人观点。

在互联网时代的社会组织里，没有那么多的"父母命""长者叫"之类，大家都是自己管理自己，自己组织自己，自己实现自己。管理工作都分散给每个员工自己，专门的管理协调工作就没多少了。

这也是网的特点，除了一个"纲"，其余都是"目"。你不能说渔网的哪个"目"或哪个"结"比其他的更重要。

每个人都自己管理、组织、实现的时代，就是进步的时代，是好时代。它代表着更自由、更平等、更积极、更主动、更自我实现。这样的好时代正在到来。

而那些不能适应这种变化的组织，不能进化成网状结构的组织，尤其是依然强调"中央控制"的层级组织，会越来越难以生存的。

价值观排序里，有比钱更重要的

一

半夜，去公路边接从广西回来的长子。

由于武汉大雨，飞机耽搁了两个多小时，到哈尔滨市下飞机，23点多了，已经没有大巴。几个大庆的乘客一商量，合资雇一辆商务车往回走，当我在世纪大道边接到他，已经凌晨3点了。

他说饿了，有没有24小时营业的地方，我说找找吧，就去了大庆最繁华的新玛特周边，远远地，就看到肯德基明亮的招牌。

店里很安静，一个服务员，一个顾客。服务员看到我们进来，打招呼帮我们点餐，我们点完，拿着食物到一边，长子吃，我看。

儿子又瘦了很多，每次回来都瘦。

不怕，他说，吃几天就长回来。

二

这样的画面宁静而安详，透着幸福的气息，这是一个平常的日子，一户平常人家的幸福。肯德基，则提供了它的服务与背景。

通常来说，我们会忽略服务与背景，只注重内心的感受。可是在今天，我却不能如此，因为这个背景在目前有点复杂，有点混乱，多地的肯德基门前，正上演着抵制的戏剧。一些人正在用19世纪的方式，宣泄着自己21世纪的情绪。

国际上，有一种做法，叫经济制裁。

还有目前正在一些地方红火上演的抵制肯德基，所以人们在自发地进行民间经济制裁……

经济制裁成为表达不满的大棒，频繁挥舞，棒影翻飞。

三

经济制裁大棒漫天飞舞的理论基础，是经济利益决定论。

我们常能在各种媒体上看到一些专家谈中美关系，说我们是美国的第一大贸易伙伴，我们之间每年有多少贸易往来，所以，从利益角度考虑，美国肯定不会与我们翻脸……

关于菲律宾也是，说我们是其大贸易伙伴，如果跟我们翻脸，他们会受多少损失，他们不会干这样的傻事等。

一言以蔽之，就是19世纪英国政治家本杰明·迪斯雷利表达的著名的国际关系逻辑：世界上没有永恒的朋友，也没有永恒的敌人，只有永恒的利益。

俄罗斯是土耳其重要的贸易伙伴，在赴土耳其的外国游客中，俄罗斯游客总人数排第二；土耳其是俄罗斯天然气第二大买家，俄罗斯是土耳其最大的天然气供应方，每年向土耳其出售280亿～300亿立方米天然气，约占其所需总量的一半。

仅从这几句话看，俄罗斯和土耳其之间的经济关系够不够紧密？这么紧密的关系，为什么土耳其竟然毫无征兆地打下了俄罗斯的战机？

还有菲律宾，为什么不与背靠的这个明显能够看到经济利益的"老大哥"搞好关系，非要挑起是非，闹得脸红脖子粗？

不止这两家，日本与中国的经济关系不够紧密吗？为什么日本却不顾一切地在国际上抹黑中国？

迪斯雷利的逻辑为什么会在他们身上失效呢？

四

如果说国际关系、国际问题太复杂，我们想不明白。那么，问你个简单的问题：对于人来说，什么最宝贵？

"人最宝贵的东西是生命。生命对于我们只有一次。"这句话出自苏联名著《钢铁是怎样炼成的》，它不仅提出了论点，"人最宝贵的东西是生命"，而且还拿出了论据，"生命对于我们只有一次"。

只有一次的生命最宝贵，这个观点有道理，绝大多数人都认同。

可是，还记得裴多菲的那首革命诗吗？

生命诚可贵，爱情价更高，

若为自由故，二者皆可抛。

在裴多菲这里，居然有两样东西比生命更可贵：爱情与自由。

为什么会这样？问题出在哪里呢？

问题出在价值观上。

价值观是一种观念，是每个人对世界的看法，是主观的。生命、爱情、自由，这些都是人类社会重要的价值观，但是，它们重要性的排序，却是因人而异，各个不同。

2014年4月16日，中山大学一名研究生在宿舍内自缢身亡；2014年7月12日，大庆一企业家因无法承受所欠巨额债务跳松花江自杀……

在这些人的价值观里，高考成绩、研究生论文、欠债，都比生命更重要。

五

对于很多人来说，"只有一次"的生命不是最重要。

对于国家来说，利益从来都重要，相当重要，但是，也几乎从来都不是第一重要。

第一次世界大战前，德国的最大贸易伙伴是英国，第二次世界大战前德国的最大贸易伙伴是美国。第一次世界大战前英国支持德国，是为了保证德国与法国在欧洲大陆的均势；第二次世界大战前美国支持德国，是为了自己在欧洲站稳脚跟。当时，英国与德国的关系，其紧密程度超过英国与法国；美国与德国的关系，其紧密程度超过美国与英国。

结果呢？耽误打仗了吗？大家战场上还不是拼个你死我活？

人有人的价值观，国有国的价值观。

人的价值观排序不同，国的价值观排序也不同。

土耳其会不考虑与俄罗斯紧密的经济关系而打下俄战机？日本会不考虑其企业在中国的巨大利益而频频向中国发难？美国也不会因中国买了他们的国债就放弃其他价值分歧与诉求。

六

帮你发财的是"上帝"，这个道理在具体的商业操作上或许好用，但在更复杂的国际关系中则显得狭隘而片面了。

更何况利益还分大小，分长期短期。可以说，日本与菲律宾追求的都是长期利益，所以他们宁可牺牲短期利益；而越南在南海与中国既有矛盾又管控分歧，则是长期短期利益兼顾的做法。

当然，这是另外一个层面的问题，我们就不展开说了。

总之，我认为，经济制裁是大棒，却不是必杀技。在非原则性问题上，经济制裁会起作用；在原则性问题上，尤其是价值观中靠前的几项——那是宁可失去生命也要坚持的——经济制裁就没什么用，顶多恶心人家一下。

所以，不要夸大经济制裁的作用，也不要夸大经济利益在国与国之间关系中的作用。一个帮你发财的人你可以叫他大爷，他如果睡了你老婆，恐怕你不仅钱不要了，还要跟他玩命。

因为在你的价值观排序里，那个比钱更重要。

制度性敲诈勒索，竟如此理直气壮

"云南女导游骂游客"的视频不知道朋友们看过没有，如果没有，我建议大家去看看。那是绝对的奇葩，把敲诈勒索上升到道德、德行、良心的高度，把强买强卖上升到为良心、良知埋单的高度，令老杜叹为观止。

来，先为大家上一段导游训话文字稿，以利于大家仔细研读：

"咱们这趟旅游车是给有德行、有道德、有良心的人坐的,你如果没有德行、没有良心、没有道德,不配坐在我的旅游车上。

如果你在旅行社报团时他们说不用买东西,那么你去找旅行社,干嘛要跟着我吃喝玩乐几天是不是?来到咱们云南你抱的是什么心态?骗吃、骗喝、骗玩吗?骗飞机坐吗?我告诉你错啦。

我这人一般不发火,我一般不轻易骂人的。但是你去看看其他的旅行社,其他的那个所有的车,我们今天53辆车,人家的团员出来都是三四万元的镯子,我们车上呢?1万元以上的都没有,甚至5000元以上的都没有。你看一车人都没人家一个人买得多。

你们对得起谁呀!你不用为我埋单,可以的。我站在这里付出了四天,我家里面有老人,有小孩,你不需要替我考虑。但是呢,我说了,有付出就要有回报,如果站在这里的是你的妹妹、你的老公,你愿意让她(他)这样辛苦没有回报吗?

人都是有心的,摸摸自己的良心。可以,我就算白付出,白为你服务,你不用为我埋单,不用为旅行社埋单,不用为云南省政府埋单,但是你可不可以为你的良知埋一份单。

如果说你最起码那么一点点良知都没有,会遭报应的,我告诉你。我说话就这么直爽。"

这是一段4分42秒的视频,上文约占总长的40%。为了方便大家阅读和老杜讲解,老杜给训话分了段。

第一段

原文:

咱们这趟旅游车是给有德行、有道德、有良心的人坐的,你如果没有德行、没有良心、没有道德,不配坐在我的旅游车上。

分析:把个旅游观光上升到道德、德行、良心的高度,实在是创举。难道坐个旅游车除了交钱给旅行社,还要有"道德模范"光荣称号?提起疑问,咱们往下看。

第二段

原文：

　　如果你在旅行社报团时他们说不用买东西，那么你去找旅行社，干嘛要跟着我吃喝玩乐几天是不是？来到咱们云南你抱的什么心态？骗吃、骗喝、骗玩吗？骗飞机坐吗？我告诉你错啦。

分析：这段话有两个意思，第一，反向表达，堵住游客还未说出口的理由，旅行社说不用买东西在我这儿不管用，因为你们是在"跟着我吃喝玩乐几天"。

可是游客是怎么落到你手的呢？他们不是交了钱给旅行社吗？你不是旅行社聘的员工吗？你一个导游，不是仅仅负责引导旅游吗？难道还有"导购"任务？

第二，你们来云南想骗吃、骗喝、骗玩、骗飞机坐是错误的。

游客交钱给旅行社来你们云南旅游，咋就成骗子啦？再说，即使是骗子，也该由警察管吧，你一个导游管得着这段吗？

第三段

原文：

　　我这人一般不发火，我一般不轻易骂人的。但是你去看看其他的旅行社，其他的那个所有的车，我们今天53辆车，人家的团员出来都是三四万元的镯子，我们车上呢？1万元以上的都没有，甚至5000元以上的都没有。你看一车人都没人家一个人买的多。

分析：这段用对比的方法，说明"我"为什么"发火""骂人"。因为一车人都不如人家一个人买的多。这位导游因为游客购物不卖力而发火骂人，看来她还真是身兼"导游""导购"二职的。

可是，游客跟"购客"是一个人群吗？导游可以兼导购，游客却未必愿意兼购客，由此，矛盾产生了。这一车人里，看来有太多的游客都不太认可购客这个身份。

第四段

原文：

　　你们对得起谁呀！你不用为我埋单，可以的。我站在这里付出了四天，我家里面有老人，有小孩，你不需要替我考虑。但是呢，我说了，有付出就要有回报，如果站在这里的是你的妹妹、你的老公，你愿意让她（他）这样辛苦没有回报吗？

分析：游客来旅游，交钱给旅行社，是合同关系的甲方乙方；你导游受聘于旅行社，为旅行社工作，你们也是合同关系的甲方乙方；而导游为游客服务，则是在代表旅行社这个甲方为游客这个乙方服务，履行合同。可是，这个导游却把自己独立出来，成了独立第三方。这才是这个奇葩事件最核心的问题所在。

打个比方，你开车到高速收费口，交了高速通行费，收费员却不让你走，跟你说"我站在这里付出了四天，我家里面有老人，有小孩，你不需要替我考虑。但是呢，我说了，有付出就要有回报，如果站在这里的是你的妹妹、你的老公，你愿意让她（他）这样辛苦没有回报吗？"

听她说这些，你会怎么想？

开玩笑吧？

如果她执意不让你走，你会怎么想？

有病吧？

接着你就该想是打110还是120了。是不是？

可是，我们云南的导游竟然就能如此慷慨激昂地说出这些话来，而且还前有道德、后有良知来保驾护航，如此的没羞没臊，为什么？

第五段

原文：

　　人都是有心的，摸摸自己的良心。可以，我就算白付出，白为你服务，你不用为我埋单，不用为旅行社埋单，不用为云南省政府埋单，但是你可不可以为你的良知埋一份单。

分析：游客交钱给旅行社，已经付出了该付的费用，为自己的旅行埋了单，等价交换，合同约定，也等于为自己的良知埋了单（如果真的需要的话）。这是游客唯一该埋的单。游客当然不用再为旅行社的员工埋一份单；而导游的服务，自有旅行社来支付报酬，由旅行社来埋单，与游客是无关的。

第六段

原文：

如果说你最起码那么一点点良知都没有，会遭报应的，我告诉你。我说话就这么直爽。

分析：这就是黑社会的威胁加谩骂，技术含量到这里已经用光了。

制度性问题，造出奇葩女导游

简单分析一遍导游的训话，我们脑海里会浮现出一个巨大的疑问：为什么明摆着的强买强卖、敲诈勒索、无理取闹，她竟然能做得如此慷慨激昂、理直气壮，甚至苦大仇深，一副被污辱被损害者的模样？

难道是奇葩女导游入戏太深了，还是那个地方或那个行业的价值观与众不同？

其实前面分析的时候我们已经点出了问题的实质所在——导游被迫兼"导购"，而游客不愿兼"购客"。

据后来的报道，这个叫陈春艳的女导游坦承，像这样的低价团，只有游客多多购物消费，自己才拿得到带团的酬劳。"如果团费是交够的，咱们导游应得的报酬旅行社也给了，（那么）该怎么玩就怎么玩，怎么还会产生这样的事呢？"

就是说，导游的酬劳要从"导购"工作中出，主业的酬劳由兼职来提供，这就像交警不是靠维护法律来拿工资，而是靠罚款来挣收入是一样的，这是制度设计的问题而导致的腐败。

旅行社设计"旅游购物团"这种低价产品向公众出售，但是却无法对游客的购物额度作出实质性的约定。为了规避风险，他们把风险转嫁到导游身上，导游只有卖力导购才能挣到收入。所以，当导购挣不到收入或收入过少时，导游或者如上面的女导游一样的敲诈勒索、强买强卖，或者就罢工不干了。

三亚春秋国际旅行社总经理王雪琴说："2009 年，我们公司有 400 多位专职导游，如今只剩 16 人了。"

当制度出现问题，没有人不是受害者

2005 年，当第二个"佘祥林案"出现时，老杜曾有一个论断："当制度出现问题，没有人不是受害者。"

这个导游骂人案也是一样。

旅行社设计有风险的产品，把产品风险转嫁给导游，而导游企图把风险转嫁给游客，游客不配合，于是问题激化，恶化了旅游市场和环境，造成导游收入减少，从业人员流失，游客减少，市场规模缩小，企业竞争更加激烈，市场环境更为恶化……产生恶性循环。

最终，在这一链条上的每一环，都成了受害者。

一个看似孤立的导游骂人事件，却反映出该地区一个行业的问题，而这个行业如果不能自我更新，回归正确的、可持续的赢利模式，任你广告做得如何美丽，"彩云之南"，也终会有门庭冷落的那一天。

与此类似的制度恶行曾经很多，除了交警靠罚款开工资发福利，还有大夫靠卖药挣提成，公职教师课外走穴挣外快等，都是主业挣钱少，副业挣钱多，都已经在取缔之中。希望这次女导游的表演能够给这个行业的拨乱反正提供一个好的契机和由头。

行为之恶，借制度之恶恣意释放

一

东德、西德合并为统一的德国后，曾经发生过这样一场审判，站在被告席上的是一位东德守卫柏林墙的士兵，他因枪杀东德企图翻越柏林墙的无辜平民而被起诉。

在法庭上，这个士兵辩解说，作为一名士兵，防止有人翻越柏林墙是我的职责，我只是尽责而已。

而法庭认为，尽自己的职责是对的，但尽责不等于必须枪杀翻越柏林墙的人。虽然你有守卫之责，但朝哪里开枪，是示警还是击毙，你是有自己的选择权的。

所以，他被判定有罪。

二

为什么忽然想到了这个故事？是因为骂游客女导游的"委屈"。

骂游客女导游陈春艳告诉记者，当天她所带的团是一个"昆明、大理、丽江、西双版纳游"的低价团，合同上签的就是"旅游购物团"。"我是按合同来带团的。在回昆明途中，按合同要进几个购物店。这引起了部分游客的不满，说导游黑心，还骂我、讽刺我。本来是要一直带他们去西双版纳的，因此就没有再跟了。"

陈春艳坦承，像这样的低价团，只有游客多多购物消费，自己才拿得到带团的酬劳。"如果团费是交够的，咱们导游应得的报酬旅行社也给了，（那么）该怎么玩就怎么玩，怎么还会产生这样的事呢？"

这就是女导游"委屈"的理由。因为你们是"旅游购物团"，所以就得购物，因为我的收入就是你们购物的回扣（商家返利），所以我为了获得收入不得不威胁恫吓、强买强卖。

她更进一步把责任推给游客和旅行社："如果团费是交够的，咱们导游应得的报酬旅行社也给了，（那么）该怎么玩就怎么玩，怎么还会产生这样的事呢？"

三

这段话，说得貌似有点儿道理。昨天老杜也分析过，是旅游行业制度之"恶"造就了这奇葩的女导游。

但是，这些能够作为她暴土扬尘地骂游客近5分钟的充足理由吗？

游客去云南旅游，大多想买点儿那个地方特色的旅游纪念品，或许会买点儿方便带的地方土特产。可是买多少，是五十元还是五万元，这一点是没有哪个游客在出行前就作好预算的。

游客跟旅行社签合同去云南旅游，合同里可能包含要进几家店之类的内容，游客也认可了。即使这样，但购不购、购什么、购多大额度等这些问题却是游客说了算。我的钱包我做主。

从女导游的"委屈"中我们可以看出,她是知道自己收入的不确定性的,她也有选择接或不接这个团的权利(后来她就选择了不带游客去西双版纳),她选择了冒风险,又在风险出现的时候采取威胁恫吓、强买强卖,甚至还用谩骂诅咒的手段逼人购物,企图用非法的手段解决风险。

四

我的文章后面附的"老杜微调查"收到了朋友们的一些回复,在大家的反映中,不只去云南旅游遇到过不购物就黑脸的导游,在香港也遇到过。但是,恶劣到这个程度的奇葩还是第一次见到。

一个在大企业工作的朋友说,前几年他们单位组织员工到云南旅游,照例要进一些店,大家已经习惯了,也还配合。

后来进得多了,他们就以拒绝进店来抗议。导游就跟他们的领队商量,大意是说这个店是很不错的店,有着独一无二的商品,大家来一趟不容易,建议大家进去看一看。

大家依然拒绝,导游又央求领队,说旅行社跟商店有合作,大家不进店算旅行社违约,大家不妨进去应付一下,过15~20分钟,就叫大家上车走。

"一个小丫头,说得可怜巴巴,大家不好意思,就进去了。但这么骂人的,还真没遇到过。"朋友最后说。

商量、央求、卖萌、装可怜,毕竟是在尊重游客前提下的协商,"其实大家到外地旅游,谁都不想惹麻烦,大多都能勉强进店走一走、看一看、上个厕所什么的,应付一下。遇到自己真正喜欢的东西,还会买。"另一个朋友说。

五

像这种导游兼导购,游客兼顾客的旅游团行为,天天都在上演着。这是行业制度跑偏造成的恶果,不能全算在导游个人头上,也不能仅仅算在个别旅行社头上。这就跟要求编辑部自负盈亏又不让做有偿新闻是一样的。其结果必然是行业内心照不宣,行业外怨声载道。

这一方面不是我们今天论述的重点。昨天我们论述了"恶制度"之"恶",今天我们着重讨论"恶行为"之"恶"。

就像即使在自负盈亏的编辑部里,也不是每个记者都去做有偿新闻一样,接"旅游购物团"的导游也不是每个人都对游客恶语相加。所以,"恶制度"之下并不必然产生写有偿新闻的记者,也不是必然产生骂游客的导游。就像本文开头东德士兵的例子说的那样，当一个平民在你的枪口下爬上柏林墙，你可以开枪，但示警还是击毙，却是你个人自由选择的结果。

诸子先贤有性善论、性恶论之争，科技发展到现在也无法有一个最终的结论。但行善或为恶是每个人理性选择的结果，却已经是大家公认的定论。一事当前，往左走往右走，环境、制度仅仅是外因，是次要因素，关键还是由你自己决定。

所以，女导游想以"制度之恶"来为自己的恶行找理由，遮掩自己"行为之恶"，老杜以为，这是不可以的。

股票·一元团·博傻游戏

一

2016年9月5日股市大跌，沪市狂跌196点，2000只个股泛绿。股评家们又找到了理由，什么印花税上调传言影响，什么长期上涨的技术性调整，有好几条。其实你不用去看，这都是马后炮。

当"经济无人看好，股市无人看空"成为一种默契，整个股票市场就变成一场博傻游戏，谁都知道这是一场赌局，都知道最终会有一批傻子为其他人埋单。但谁是傻子呢？都觉得自己不是。

如果有谁知道自己是傻子，那就证明他不傻。他不傻自然就不会成为最后的埋单人，所以他就会继续参与这场博傻游戏。这就是中国股市的"第二十二条军规"。

所谓博傻，可以分为博弈和傻瓜两个词，简单来说就是傻瓜之间的博弈。指市场参与者在明知股票或其他投资/投机产品价格已被高估的情况下还在买入，寄希望于接下来还会有更"傻"的人以更高的价格接手的市场心理和行为。

二

令老杜没有想到的是，这几天大家热烈讨论中的"云南导游骂游客"事件，竟然也是一场博傻游戏。

随着其外衣的一层层剥开，我们终于看到了事件的裸体。

据报道，从视频中女导游的言辞以及事后调查可知，该旅行团是一直备受旅客诟病的"低价团"，每位游客行前仅缴纳了1元的团费。所谓低价就是报团费用远远低于实际出行成本，不可避免，这其中也就暗藏了一些"潜规则"。

交1元钱就想旅游，还真是骗吃骗喝的啊！

这导游原来不是在骂人，说的竟然是实话？

这里老杜有个臆测，所谓的"一元团"仅仅是旅行社免收服务费的一种表述，至于吃住行玩的门票、车票、飞机票、住宿费则是要游客自己负担的。这个，是老杜下一步论述的前提，在这里先要澄清。

老杜不认为所谓"一元团"就是交1元钱可以旅游，其他一切免费。看网上一些议论，感觉大家把枪口转向游客，以为游客真的只掏1元钱就出门旅游。那个应该是共产主义，远着呢。

三

那么，这"一元团"的博傻游戏是如何运行的呢？

旅行社组团，收1元钱团费肯定没有利润，他们的利润应该是来自旅游过程中各相关合作商家的返利，也就是回扣；收不到服务费，他们也就不会给导游付报酬，或付极低的报酬；而导游没有报酬却要带团，游客不付服务费却能旅游，那么，这一路上的服务费用是谁出的呢？

红十字会吗？慈善总会吗？爱心公益联盟吗？

当然都不是。那么这费用是谁出的呢？

这个问题不用说，肯定是游客。

其实今天出门旅游的国人没有哪一个想不明白这个问题的，他们都不傻，至少他们自己是这样认为的。

四

他们都不傻，那么，博傻游戏博谁呢？

往下看。

博傻游戏正式开始。

虽然费用一定是游客出，但却不一定是每个游客出。就是说，如果这一群游客中有一部分人付足了钱,那么,另一部分人就可以不付钱或少付钱,导游一样有收入,合作商家有利润,旅行社也就有了利润。

旅行社的逻辑是这样的:我组织这一场博傻游戏是因为我不傻,我站在博傻链条的最顶端,风险最小,所以我不会是最后埋单的那一个,所以我要组织博傻游戏。

导游的逻辑是这样的:我之所以参与这一场博傻游戏是因为我不傻,这么多游客,里面肯定有一些傻子,只要采取各种手段让他们埋单就可以了。

游客的逻辑是这样的:我之所以参与这一场博傻游戏是因为我不傻,这么多游客,有几个傻子埋单就够了,我就可以免费旅游了。

那么,谁是傻子呢?

五

谁都不想当傻子,肯定有人当傻子。

旅行社有一路上各个合作商家的返利,即使所有游客都是"铁公鸡",他们也基本可以旱涝保收;而游客与导游则相对弱势,又处于博傻链条的最底端,基本是处于不是我傻就是你傻的状态。

如果游客坚持不购或者少购物,没有回扣可挣,导游就成了傻子;如果游客中有人没有禁住一路上导游加商家及同游的引诱、忽悠、威逼、恐吓,撒出了大把的票子,那么他就成了傻子,而导游挣到回扣,同游免服务费旅游,皆大欢喜。

这个,是整个博傻游戏中所有人心中最美好的愿景。

六

有一点需要强调,"一元团"博傻游戏里的"傻子"跟股市里的"傻子"是有很大不同的。

现在,股市中很多人都挣到了钱,情绪热烈而高涨。从 2000 年前后开始,这是第几轮上涨了?老杜没记住,反正好几回都跌到一众股民"默默无语两眼泪"了,现在的股民,基本都应该是老江湖,见识过风浪,禁得起折腾了。

既然大家都是老江湖,就应该知道股市里的一个道理,那就是:只要钱还在股市,就不要说你已经挣到钱了。股市里的钱只是记在你名下,不是你的。什么时候这一波浪潮退去,你再看看手里的存折,如果存款变成了余额,傻子就是你了。

股市里的"傻子"是存款变余额，而"一元团"里的"傻子"则不至于如此惨烈，他还会剩下一堆珠宝、玉器、土特产、纪念品，虽然价值可能没有价格高，但总有东西在，也就不显得很傻吧。

七

博傻游戏在旅游行业里公行，必然会纠纷不断，引发一场场的闹剧，最终，在大众的扒皮之下，所有的角色都变成丑角，变成笑料，包括没有直接出场的管理者。

跳出具体的事件分析，大家就会可悲地发现，市场经济运行这么多年，我们竟然连等价交换都没有学会。旅游企业的赢利模式居然是堤内损失堤外补，游客想的居然是有便宜不占王八蛋，总有傻子给我埋单。如此心态，我们市场经济的参与者们真是天真幼稚得可以。

现在，旅游行业的博傻游戏因为底牌日渐为大家所熟悉而难以为继，所谓到了不改不行的时候。而我们股市里的博傻游戏仍热热闹闹地进行着，每个参与者都相信身后至少会有一个傻子为我埋单。

等着吧……

第八章

孩子的未来该谁来决定

在孩子的人生中，家长的期许只能像暗恋的情人一样躲在角落里，用一双眼睛默默地注视着那个心上人，并祈祷着他有自己期待的回应；你可以暗示，可以鼓励，但不能去绑架或胁迫他作出自己期望的反馈。哪怕是用999朵玫瑰。

孩子，你就当是去探险吧

一

大年过完了，元宵节也过完了，预订的机票也到了起程的时间，长子要出发了。

外出去打工。

大学毕业也就失业了，研究生考完了，成绩出来了，录取结果还没出来。即使考上，儿子至少还有半年的空闲时间，我说："读了十几年书了，也该读读社会这本大书了。"

儿子说："我也是这么想的！"

你看，我们父子很默契。

二

早上六点钟，在闹钟轻柔的音乐声中醒来，我拉开窗帘一看，外面一片银白。下雪了！

农谚说，瑞雪兆丰年。2015年的春雪从大年初三开始下，一场接一场。看来，北方农业的丰收应该是没大问题了。在整体经济下滑、工业转型困难、外需增长乏力、内需拉力不足的当下，农业的丰收，对当下的中国有着特别重要的意义。

儿子也起床了。热奶，烤面包片，搞个人卫生。吃完早餐，收拾东西，检查一下身份证、机票，下楼上车，我们出发。

三

清晨的机场路上，洁白而寂寥，因为路上有一层雪，所以车不能开太快，我稳稳地开着，想和儿子说些什么。

说些什么呢？

想了又想，还是没有说。

当男人的职称晋升到爸爸，他的保护欲开始膨胀；再晋升为老爸，他的保护欲已经膨胀到极致，于是，就开始唠唠叨叨，成为长舌爸。这个要注意，那个不安全，如何如何。

现在的孩子从小就在一群保护欲爆棚的家长围困下长大，经过叛逆的年龄，对唠叨的反感已经无以复加。所以，我不想成为那个讨厌的长舌爸。

但我真的还有好多话想对儿子说，不说我能憋出病来。怎么办？

我想，还是扬己所长，写出来吧。这样才能更简洁些、方便些，更有条理些。而且，他可以随时扔下而不让我尴尬。

四

我想跟儿子说什么呢？

长子跟所有城市里的孩子一样，从出生就开始脱离社会，只是在读书、读书、读书。不管书读得怎么样，社会（包括我们）给他的价值观就是，他们唯一应该做的，就是读书。

直到大学毕业。

他们就像得道的仙佛，跳出三界外，不在五行中。这人世间的一切，无论美好与丑恶，无论严冬与酷暑，都与他们无关。他们只是看客，充其量，也只能算票友。

老婆患癌，我独自陪伴访医延命，历时8个月，读大学的儿子一无所知；老妈病重，我们赴京求治，客寓北京3个月，终于不得不撒手。而妈妈最疼爱的孙子对此一无所知。

亲人们挡住了所有的枪林弹雨，只为他们能有一个好的成绩、好的未来。

可是，当他们读完了大学，以一个失业者的身份空降到地球上，我们才明白，有好多事早该告诉他们，早该让他们知道。现在，我们终于想说了，却又千言万语无法汇成一句话，不得不变身长舌爸。

五

所有到证券公司开户的人都会被提醒，股市有风险，入市须谨慎。

而我却没法提醒即将进入打工者行列的儿子，地球有风险，入世须谨慎。

他的"入世"是不由自主的，那是我的决定。

我只能也只想对儿子说：孩子，你就当是去探险吧。

探险是有风险的。这是一个未知的世界，有着未知的风险。它可能对你造成不同程度的伤害，甚至大到致命。但探险的魅力也正在这未知的吸引，未知的地方才可能有未遇过的美丽风景与酷炫体验。

我相信，这世界的极致美景和人生的酷炫体验，对一个生命之花正在绽放的青年人是最有吸引力的。

六

探险要小心翼翼的。你不能像旅游那样跟着三角旗一路走来一路歌。

前面的每一步都可能隐藏着未知的风险或危险，你要聚精会神地迈出每一步，踏实一步，再走下一步。要用眼去观察、用心去体会、用全部的身心去感受。

不要着急往前走，爸爸并不着急让你去成功。你现在还不具备成功的条件。你现在的目的应该是进步，进步就好，快慢不重要，成功不重要，安全最重要。

没有哪个父母养大孩子是为了让他去冒风险的。如果我们能够保护你一辈子，我们会去做的。

七

可是，我们都知道，那是不可能的。

去印尼旅游，没有人想到会遇上海啸；乘飞机出行，没有人会想到飞机能失踪；甚至住了几十年的居民楼，都会莫名地塌了；汽车飞驰的公路上，每天都有上千的人把命送掉。

你生存在这个世界上，每一天都可能面临各种危险，父母不可能随时陪在你身边，你终得一个人去面对。

地球有危险，谁都无处逃。

既然无处逃，那就抱着探险的心情，憧憬着远方的风景，留心脚下的沟坑，勇敢地去探险吧！

只要你记住，无论到什么时候，爸爸，都是你最后的城堡。

该谁来决定孩子的未来

一

长子走了，去异地打工。下班回家，少了一张应门的青春的脸，心里空落落的。

从孩子即将毕业起,有一个问题一直在我心中纠结,我应不应该帮他找一份工作?

或者换句话说,就是该谁来决定孩子的未来?

孩子大学毕业了,自己决定考研。

作为家长,我支持,因为这个决定跟我的意见相合。

可是,如果孩子选择去做流浪歌手,我会同意吗?

如果孩子选择去穷游,就是那种边打零工边旅游,我会同意吗?

或者,如果孩子选择去做某些艰难并可能危及自身安全的工作,比如,田野考古,比如消防员,我会同意吗?

你会同意吗?

更深刻的问题是,谁有这个问题的决定权?

二

我们把孩子生下来,千辛万苦地养大,为他遮所有的风雨,为他创造我们所能提供的最好的条件;看着他、保护着他慢慢地长大,这些都是我们该做的,因为他还弱小,还没有保护自己的能力。然后呢?

他长大了以后呢?

孩子很小的时候,我们把他抱在怀里,想象着他将来长大了,当科学家、当明星,当白岩松那样能够代表社会提问的主持人。

后来他长大了,理科没有那么好,当科学家的愿望落空了;又没有惊人的艺术天赋,当明星也不太可能了;又没考上中国传媒大学(前身为北京广播学院)那样的大学,当主持人似乎也不可能了……

三

于是我们让步,那就考研究生,去大学当教授吧。可是看看我们的周围就知道,有多少研究生有机会当上大学的教授呢?

再让步,那就考公务员吧。公务员又比大学都难考,比研究生都难考,年年都报考,哪年考上不一定。

那就先打工吧。

打工也得有个方向吧?

只要不危险,他找着什么工作就干什么工作吧。

我们终于放弃了，把未来的选择权还给他自己了。

于是，我们又回到了最初的问题：该谁来决定孩子的未来？

四

春节在家，跟儿子聊天。我问儿子，"你现在有没有特别想从事的工作或特别想做的事情？"

他说，"目前没有。"

我说，"不用着急，你去慢慢寻找吧。不急着定方向、定项目，一生长着呢，爸爸不急着让你成功。"

昨天《你就当是去探险吧》一文发出后，有朋友在朋友圈给我留言，"孩子最应该超越的就是他们的父母！能够比自己的父母更强是最好的教育理念！尤其是男孩，告诉他，不能超越父母，应该是一件很丢脸的事！"

这是只有最好的朋友才能说的心里话，"超越父母"，也是我心里对儿子的期许。

但仅仅是我的期许，不是我儿子的目标。

五

在孩子的人生中，家长的期许只能像暗恋的情人一样躲在角落里，用一双眼睛默默地注视着那个心上人，并祈祷着他有自己期待的回应；你可以暗示、可以鼓励，但不能去绑架或胁迫他作出自己期望的反馈。

哪怕是用 999 朵玫瑰。

他心里有同样的目标，他会作持久而坚忍的努力；他没有那个目标，即使被诱惑被绑架到你的方向上，也没有来自心底的动力。

最终，一旦遇到坎坷或他心底期待已久的目标出现，他还是会不辞而别、不告而去。

六

回想一下自己的人生，是不是这个样子的呢？

你是不是已经作过校正自己航向的努力，或者一直在为自己没有勇气改变航向而自责？

这样的校正，我是作过的。也因此，才有上述的感悟，才不敢以爱的名义去断然干涉儿子的未来，才只能把自己的期许藏在心底。

孩子已经长大了，自己的人生，还是让他自己去决定吧。

自己的决定，会更负责、更审慎，也会走得更持久、更无怨无悔。

是吧？！

不会保护自己，哪里都不安全

一

一谈起关于孩子的话题，大家都有说不完的话，尤其是像我一样年届半百的人。那我们就接着上两期的话题继续说孩子吧。

问山寻水说："家庭养老制度是矛盾和问题的根源。感觉，子女择业，父母还是有干预的权力的……小孩子头脑一热跑到万里之外冒险探险去了，父母不能老无所依啊。"

天天："干预权就省了吧。父母的责任是事先告知、预警；最终决定权还是孩子的。"

阳阳："完全理解你。但能否做到，取决于孩子，不一定取决于你。"

天天："女儿和同学结伴旅行，我支持。但事先要报告行踪，作好应急预案。孩子出门都会担心，何况我家还是女儿。"

问山寻水："孩子去贩毒也干瞪眼吗？不行，捆也要弄回来。"

天天："金融投资也有风险，倾家荡产不比杀人差。你不让做吗？"

……

昨天、前天两篇文章，在朋友圈引起很大的反响，一个我的同龄人的圈子——大学同学圈里的同学们展开了热烈的讨论。参加讨论的人很多，上面我只是摘几条比较有代表性的观点。

二

想起十多年前的一次采访。是宣传部门安排的，非常官方。

一群记者在门外，等着采访会议室里正在开会的先进人物们。因为天热，会议室的大门半开着，里面的"先进们"正在一个一个地讲话。一个单薄的中年女人坐在比较靠近会场中心的位置，一动不动，像个雕塑。她是这个城市一个行业里多少年来的先进人物。我们都认识她。

我旁边坐着消息灵通的电视记者，他指着这个女人说，她的孩子，前天在大学里被情敌用刀扎死了。

坐在一起的记者们听了都为之一震。

我们都知道她唯一的孩子在山东念一所挺好的大学，也都知道刚刚报道的消息，山东某大学学生被情敌用刀刺死。没想到就是她的儿子。

会议结束，"先进们"鱼贯而出，我们纷纷上去找预定的目标采访。这个面无表情的女人走出来，从我们身边走过，除了两条机械迈动的双腿，上身是僵直的，眼神是空洞的。她通过幽暗的走廊走向大门、走出去，瘦削的身影，消失在明晃晃的阳光里。

一路上，大家默默地为她让路，无人打扰。

事过十余年，我现在依然清晰地记得她往外走时迈出的每一步，就像她刚从我眼前走过。

三

哪里安全呢？

大学难道不是天底下最安全的地方吗？

然而还是有这样的事情发生，还是会有这样悲伤的母亲。

听说孩子是去广西打工，朋友们很担心："别掉进传销的圈子啊！听说那地方传销的人老多了。"

这一点也不奇怪。这几年我有两个朋友先后去广西创业，我刚刚听到时，脑子里都冒出"不会是去传销吧"的念头。这一点，不是源于对广西的无知，恰恰是因为我对广西比较深入地了解。

孩子的爷爷也说，找工作你就去招聘会，不许去那些街头贴小广告的地方。

担心与叮咛，没完没了，无尽无休。

四

然而回想一下，当初的我们是怎么走上这个社会的呢？

不也是磕磕绊绊地走过来的吗？

我的一个中学同学、好朋友，在路上走着的时候被车撞死了；我的一个大学同学，同学中的大老板，突然之间也没了。诚如我的同学天天所说："金融投资也有风险，倾家荡产不比杀人差，你不让做吗？"

没有最安全的地方。

最安全的方法，是让他自己锻炼出保护自己的本领；让他自己有掌握自己命运的能力。

这一点，我帮不了他，就像我的父母帮不了我。

他唯一能够依靠的，只能是他自己。

父母的话该不该听

一

昨晚，与同事聊天儿，提到孩子，同事说："我那儿子，也不听我的，我给他安排的好好的工作，人家不干，非要自己去打工。"

同事的这句话让我想起了我的青少年时代。

没有任何的遗传基因，也没找到什么靠谱的理由，我就是个天生的文学爱好者。从小就读尽了手边能够找到的书，《金光大道》《艳阳天》《敌后武工队》《淀上飞兵》《壁垒森严》《红岩》《李自成》《水浒》，这些都是在小学时读的。1976年以后，书慢慢地多起来，我开始自己用零钱买书读，就这么着，发展成为一个文学青年。

上高中时，父母就反复给我念叨："学好数理化，走遍天下都不怕。一定要学好物理化学（当时我数学不错，不太让人操心）。"结果为了学文科，我开始不学物理了。高一第二学期期末，物理不及格，父母无奈，我学文科的阴谋得逞。

二

高考完，报志愿，父母又念叨或者报法律，或者报经济管理，可不能报文学或哲学，那东西什么用都没有（我父亲是20世纪60年代的老大学生，稀里糊涂地学了政治，在历次政治运动中如何都不对付）。我又一次违拗父母的意见，坚决报文学。

上大学后很长时间，听说我们班有些同学是被调剂过来的，人家报的不是文学。

后来我在工作中，常常以一种过来人的口吻对刚刚入新闻行业的小同事们说："现在是经济社会、法治社会，想要做一个称职的记者，要么经济，要么法律，你要学一门。"

我没好意思告诉他们这是我的教训。

三

我不仅是个天生的文学爱好者，还是个天生的叛逆者。

妈妈去世前与邻居聊天儿，说起孩子们的事儿，我妈跟阿姨们夸我孝顺，说："你看我这儿子现在这样，以前可不是。以前我说让他往左，他转身就往右走了。"

叛逆了半辈子，可以说我的绝大部分人生决定都是我自己作出的。现在回头看，有一大半都是错的，这也是我半生艰难困苦的主要根源。而我父母的意见或建议，基本都是对的。

那么，老杜在这里倒腾了半天自己的旧事，是为了劝正处于选择关口的孩子们听父母话吗？

肯定不是。

如果说让老杜重来一次，那么，我还会按自己的选择去做。

只是当你作决定的时候，你还要像老杜一样地问一问自己："因为我没有经验，因为我不了解这个世界，如果我选择错了，后果我是不是愿意承担？"

四

老杜的回答是："我愿意。"

于是，一往无前，义无反顾，艰难苦恨，痛不欲生，遍体鳞伤，然后，未来还在我还在。

那么，你的回答是什么？

你是否也像老杜一样有勇气一往无前、义无反顾，即使遇到种种挫折也咬牙坚持、不怨天尤人？

你一直在读书，不了解这个世界的运行逻辑，不了解充斥各处的"潜规则"，看过美国电影《阿甘正传》吧？记不记得阿甘是怎么上的学？

那样的事，不是"万恶的"资本主义才有，我们这儿也有。甚至"潜规

"则"这个名词都是我们发明的。

在一个你不懂的世界里,你作着关于自己人生路向选择的重大决定,理智地想一想,有多少靠谱的成分?

五

你作错误的决定,是正常的。

而父母们,已经在社会上经历了很多,了解了很多。他们的意见,不见得最靠谱,却肯定比你的靠谱。所以,按概率来说,也应该听他们的。对不对?

听他们的,肯定成功率更高。

但是,我不听。

我不听,是因为我听到了自己心里响亮的声音,这个声音比父母的声音大,这是我的追求,我的目标,我愿意为之犯错,为之吃苦,我选择走一条坎坷的路,那是我喜欢的方向,我愿意承受过程的坎坷。

六

所以,当我作了错误的决定以后,我不后悔没听父母的话,更不怪父母没有剥夺我的选择权,我只是努力让自己更成熟,更有鉴别力、决断力,以期在下一个选择到来时,我能够作出正确的决定。

后来,我的长子大学毕业了,我问他,你想工作还是考研?

他说想考研,我的心一下子就释然了,因为我们的想法是一样的。

其实我一直在担心,万一他的决定与我的意见不一致怎么办?

我不是担心自己的意见不被采纳伤自尊,我是担心他作了错误的选择,会在今后的人生路上如我一样地多走很多弯路、多吃很多苦。

不要让学习成为你唯一的本事

一

前几年新闻媒体形势好的时候,常常有很多大学毕业生来报社实习,实习的结果基本是小部分留下，大部分离开。在离开的人中，有的是继续找其他的工作，有的则是考研。

记得一个孩子来跟老杜告别，我问："你准备去做什么？"

他说："也没想好做什么，考研吧。想想自己还是最擅长学习。"后来，他如愿地考上了研究生，继续学习去了。

老杜的长子大学毕业时，老杜曾经问他："你对未来有什么打算？"

他说，已经决定考研。我说，只要你自己想清楚，然后再努力做明白就行。

现在，他也在读研。

在读研之前的空当，我把他赶到广西端了三个月盘子。

明明孩子已经考上了研究生，为什么还要逼着他去端盘子呢？

二

我们的孩子从幼儿园开始学习，到大学毕业，已经持续学习了十五六年。这十五六年里，学习是他们唯一一件必须做好的事。

孩子们努力学习的结果就是学习变成了他们最擅长的事情。而且，由于课业的繁重压力，他们基本没有时间系统地接触其他的东西。

于是，孩子们就只会学习、学习、学习。

终于大学毕业了，走上社会了，面对一个全新的环境，不适应是正常的。孩子们不怕，因为他们会学习。

可是，社会不是学校，光靠学习是不行的，还要实践，这是人生的另一门技能、另一种本事。这下孩子们吃不消了，他们最擅长的坐在书桌前面对书本的学习模式，解决不了实践中的问题。

三

出现了靠学习解决不了的问题，给孩子们造成了很大的挫败感。

在老杜带过的实习生中，有一个学习成绩特别优秀的孩子，她说，她最害怕的事情就是早上起床后不知道该做什么。从来她最擅长的都是面对老师已经安排好的书本、作业，她努力而认真地学会、做好，这方面，她一直很优秀。

可是她现在的岗位是记者，她要自己去找新闻采访，去约见或直接闯到某人的办公室，说我是某某报记者，我要采访你。陌生拜访，对她是一件非常可怕的事情。不只是她，很多大学生都怕这一点。

结果，不管报社处于多么缺人的状态，多么需要他们留下来，大多数人还是从报社的走廊里消失了。

四

学习是人生中非常重要的一个本事，尤其是现在，学习可以说是每一个人穷其一生都要做的事情。

但是，它却不该是你人生唯一的本事。

人一生都需要学习，但却不能一生都只是学习。

早晚有一天，孩子们要走上社会，要参与社会实践，要通过实践了解社会的运行规则、运作方式，要参与合作、协作、沟通、创造。这些，都是另外的学问、另外的知识、另外的能力，光靠从书本上学习是学不来的。

老杜把长子逼着去打工，就是为了让他去参与社会实践，并通过实践获得合作、协作、沟通、创造等方面的能力。不希望他整天坐在教室里，学成书呆子。

五

人们有一种错觉，好像那些伟大的人们作出伟大的成绩时都是白发苍苍的年纪，而二三十岁，还是学习的时候。

让我们翻一翻历史吧。

爱因斯坦生于1879年，1905年提出狭义相对论，当时他多大？26岁。这是他一生中最伟大的发现。

梭罗37岁发表《瓦尔登湖》，曹禺23岁写出话剧《雷雨》，王蒙19岁写出小说《青春万岁》，这些，均是他们一生中最好的作品之一。

六

有没有一生以学习为主的工作？

有，比如大学教授、研究所研究员之类的工作。在这样的机构里、这样的岗位上，你可以通过学习、归纳、总结、创新、传播来谋生。当然，这类工作也仅仅是学习在其中占的比重比较重，你也要沟通、要协调、要合作、要创造，但毕竟学习占的比重比较大。

而社会上其他的工作，比如老杜一直从事的新闻工作，则更需要实践的能力，包括沟通、交流、合作、挖掘、创造、整合等。在这样的岗位上，当你有了一定的知识基础，学习就不再是最重要的方面了。

七

很多大学生走上社会屡战屡败，动不动就炒老板、耍脾气、撂挑子，其实就是缺乏沟通、协调、合作等实践方面的能力。

本来历史上中国人是最擅长沟通协调的。因为中国人传统上都是聚族而居，一个大家族在一起生活，关系错综复杂，所以中国人从小就要学习与很多不同身份、地位、辈分的人沟通，他们也会从家长身上学习到这种能力。

而现在，大家都是独生子、三口之家，孩子不是"少爷"就是"小皇帝"，沟通、协调、交流、合作这些能力已经不需要。

学校也是一俊遮百丑，只要学习好，其他一切都不是问题。于是就出现了很多高智商、低情商的大学生，他们可以破解各种难题，却会因失恋而自杀或杀人。

八

还有更多的人没有这样极端，却也成了宅男宅女，缩在宿舍里，怕出来见人。

除非你想在科研机构里一生不出来，否则你就该明白，大学毕业后，你以学习为主的人生基本结束了，以实践为主的人生从此开始。

你要从事各种实践的工作，并锻炼出各种实践的能力。比如沟通、协调、合作、协作、管理、创造等，这是人生的另一门技能，是后来通过学习与实践发展出来的一门技能。你必须学会、学好，它关系到你的人生之路能够走得多顺利、多远。

好孩子为什么输不起

一

《大庆日报》报道了一起杀人案，一个房地产公司的小白领杀了他的领导。

社会上矛盾多，人们心中压力大，压力太大、行为过激往往容易酿成恶性案件。现在社会上的很多恶性事件都可以归纳到这个逻辑里。

可是，这个案件不一样。

犯罪嫌疑人梁某是一所名校的高材生，刚刚27岁的他现在年薪10万元。3年前，梁某在工作上与主管项目经理有不同看法，进而发生争执。他认为自己是对的，于是向副总经理王某提出自己的看法。王某对此事并未作任何处理，这让梁某感到不满。梁某想在2015年6月向公司提出辞职，盘算着要在辞职前找王某出气。

出气的结果就是他往王某头上扎了七八刀，造成被害人在送往医院途中死亡。

更为震撼的是梁某在被抓后反复说的一段话："我从小到大没受过一点儿委屈，这是第一次。这口气憋了3年。"

二

"从小到大没受过一点儿委屈"，这话咋听着这么耳熟呢？

老杜想起了小时候，家长们在一起聊起谁家的孩子金贵，常常会说"那孩子，一点屈都不让受。"少年的老杜当时就非常羡慕，人家咋就那么有福气，肯定是要啥给啥，还不挨揍。

可没想到，几十年过去了，从一个杀人嫌犯的嘴里，又听到了这句话。

什么样的孩子能够"从小到大从没受过一点委屈呢？"

应该有着不错的家境吧，不必巨富，但可以在小伙伴中间保持优越感；应该有不错的智商吧，这让他可以在求学的路上不会太吃力；还应该有比较艰苦的努力吧，这让他在名列前茅时沾沾自喜，把一切成绩归功于自己。

他该是家长掌中的宝贝、老师眼中的好学生、同学的榜样，这样的孩子，确实很少有机会"受委屈"。

这样的状态，一般可以保持到上大学，极少数可以保持到大学毕业，甚至参加工作。

可是，这样地一路走来，又如何面对工作后社会上的坎坷呢？

三

十多年前，老杜的一个年轻同事在下夜班的途中遭遇歹徒劫财，奋勇搏斗，身中十余刀，壮烈牺牲。

出事后，犯罪分子没被抓到以前，连警察都在怀疑是仇杀，因为劫财不至于下如此的重手。后来抓到歹徒才知道，当歹徒把刀架到他脖子上要钱，他一直在搏斗、在喊叫，歹徒为了让他闭嘴，左一刀右一刀……

当时老杜就作了一个判断，这是一个从小没打过群架的好孩子。因为如果打过群架，就知道什么时间冲、什么时候跑，知道如何保护住要害，躺在地上放赖。只有那些被教育傻了的好孩子才会不分时间、地点、场合地与犯罪分子作斗争。

干什么都需要经验，不止面对歹徒，包括面对挫折、面对失败。

俗话说"人生不如意事常八九"，人生有这么多的不如意，我们的小白领却从来没有遇到过，没有过面对挫折、面对失败的经历、经验。而这挫折终有一天会接踵而来，这"从没受过一次委屈"的孩子又怎么能够应对得了呢？

四

老杜刚刚入手了一套"罗辑思维"经销的《登高四书》，作者李善友在《产品型社群——互联网思维的本质》中有这样一段话："雷军做软件，没有比过微软；做电商，没有比过当当；做游戏，没有比过完美；做杀毒，没有比过360；做米聊，没有比过微信。我在说什么？雷军在软件行业输了，在互联网行业输了，在移动互联网行业也输了。"

在这里，雷军就是一个倒霉蛋、常输将军。

可是你把雷军这两个字打到百度上，看看雷军是谁？

或者你问问使用小米手机的人们，雷军是谁？

雷军拥有诸如小米科技创始人、董事长兼首席执行官；金山软件公司董事长；中国大陆著名天使投资人等头衔，我们可以仿照乔布斯"苹果之父"的表达方式，称雷军为"小米之父"。

现在已经可以这么说了，因为小米手机在2015年第三季度就已经超越三星，成为中国手机销量冠军，世界排名第三，仅次于三星和苹果。

五

前面说杀人嫌犯，后面说雷军，老杜这东拉西扯的说话方式你能适应吗？他们之间有什么联系呢？

其实我是想说，是许许多多的败绩垒起了一个今天成功的雷军；而从没受过委屈的小白领却因无法接受挫折，铤而走险，毁人自毁。

如果雷军输不起，他早就可以卷起卖公司的钱去当富翁，也可以继续做他的天使投资人，从而避免亲自操盘企业、直面竞争。这样他也就没有机会把一个小公司用五年时间做到450亿美元市场估值。

更有清末平定太平天国起义的曾国藩，因为屡战屡败，上书朝廷时不知如何表达，竟然反用成语来为自己辩解，夸自己"屡败屡战"。

挫折、失败，是人生的必修课。各式各样的宫廷戏告诉我们，即使贵为皇族也有百般的不如意，哪有"一生不受屈"的可能呢？

不管是雷军还是曾国藩，失败都是垒起成功高楼的基石，而我们的小白领在搬第一块石头的时候就砸到了自己，毁掉了自己。

百毒不沾的孩子为什么更脆弱

一

发生在孩子身上的恶性事件总是让人揪心。

早上，老杜打开新闻网，就看到题为《女大学生宿舍内烧炭自杀 疑因查出乙肝被孤立》的报道，2015年4月10日，天津师范大学初等教育学院大一学生吴昕怡，在学校单间宿舍烧炭自杀。在学校的一次义务献血之后，她被查出"大三阳"，系乙肝病毒携带者；同年3月7日，被安排进单独的学生宿舍居住。

一个年轻的生命，刚刚走出家门，仅仅算一只脚踏入社会吧，就这样被自己中止了。

乙肝"大三阳"有多吓人？

被孤立有多痛苦？

怎么就走到了轻生这一步？

瞬间老杜的脑海里就蹦出这许多问题，可惜，无论答案如何，都已经挽回不了一条年轻的生命。

二

昨天，老杜跟朋友们聊了《大庆日报》报道的，一个地产公司的年轻白领刀杀领导的话题，这个年薪十万的小白领因为"从来没有受过委屈"，"咽不下这口气",而对让他受委屈的领导痛下杀手。

两起事件,两种挫折,两个年轻的当事人虽然采用了不同的应对方法,却指向同样的结果——毁掉自己。

我们的孩子们怎么了?为什么总是用极端的方式去对待生活中常常会遇到的很普通的挫折呢?

三

记得很久以前,老杜找一个朋友请教问题,朋友却让老杜开车拉着他去安达市给孩子买学习资料。朋友是一个有能量的人,孩子的每一步他都安排得了、安排得好,而且安排得细。在单位喝水都不用自己倒的他,孩子买书、买笔这样的事,他都不让孩子去做,宁可亲自做。

老杜问他:"为什么要这样?"

朋友说:"自己读书时家里穷,吃了很多苦,还耽误了学习;现在自己条件还不错,就不想让孩子吃苦,只想让孩子一心读好书。"

四

有多少家长是这样想的呢?

托关系、走后门,花钱送礼,让孩子上最好的学校、最好的班级,上学车送、放学车接,家里的一切都不让孩子参与,怕的是孩子读书分心。恨不得把孩子用无菌罩保护起来,让他不接触空气、百毒不沾。

结果,孩子如愿以偿地考好了,考上了,就像上面说的孩子,考上了天津师范大学这样的好学校,却仅仅因为乙肝病毒,因为学校与同学们对乙肝病毒不合适地反应,而选择了自杀。这是多么可悲的结局!

我们努力让孩子百毒不沾,结果孩子不是更健康,反倒更脆弱了。

五

本来,挫折、失败是人生的必修课。可是,虽然是必修课,什么时候修,怎么来通过考试,却没有一本教科书来讲述,也没有一个老师来指导。

我们那因百毒不沾而变得弱不禁风的孩子们,一旦走入社会,独立面对社会,往往不知道如何应对。

或者盲人瞎马、一意孤行,虽有才华,却因不能与其他人共事而频频被炒或炒老板,心里仇视社会。杀老板的小白领属于这一类型。

或者在碰壁之后，手足无措，彻底崩溃，做出过激行为，自我毁灭。天津这名大学生就属这一类型。

六

老杜曾经写过这样一段文字：

"世界纷繁倒错，往往难如己意。但我们要学会接受，即使不能接受，也要学会与其和平相处；

自身种种局限，许多梦想无法达成。但我们不要否定自己的价值，要学会客观地看待自己的优缺点，然后扬长避短，把目标调适到力所能及，以平衡心态，达到与自己和谐相处。

这样的态度，才是客观的态度；这样的人生，才是理性的人生。"

七

老杜在这里跟朋友们聊的这些道理，其实老杜自己并没有做到。

同样有孩子刚刚走入社会，刚刚开始学习与社会相融相处，作为家长的老杜反思过去，自己做得并不好，虽然不至于把孩子放进无菌罩，却也刻意地屏蔽了许多孩子成长中必须了解和接受的经历。

比如，对孩子最好的奶奶去世，老杜没有即时让上大学的儿子知道，也没有让他回来参加奶奶的葬礼，使他失去了一个"亲眼目睹最亲近的人离开自己"这个残酷又现实的经历的机会，而这样的课程，几乎是没有机会弥补的。

八

知道错了的老杜，现在努力让儿子融入到社会中去，却不敢给他加任何压力，只是对他说"孩子，你就当是去探险吧，爸爸不着急让你成功。"

后来，在读研之前，我的儿子在广西的一个私营企业，开始从事类似饭馆服务员的工作。听到这个消息的时候，我很开心，我知道他已经从"走向社会"进入到"走进社会"阶段。从最简单的工作做起，让他容易上手，容易称职，也说明他没有那么大的虚荣心，没有把他这个在读研究生的身份当回事儿。

不太拿自己当回事儿的人，也就不太拿挫折当回事儿。儿子这一点，让我很欣慰。

第九章

季节里的心潮起伏

季节是要转换的,生命是有周期的。四季轮替,锤炼生命坚强;生老病死,演绎天道循环。每个季节自有它的使命,自有它的意义,需要我们用心去感受、体会。

风物长宜放眼量

一

2016年3月1日，一个重要的开始。所有的孩子都得早早地起来，洗漱、收拾一切应带的东西，然后匆匆地出门，包括上幼儿园的"小东西"。

明媚的阳光，暖暖地照在身上、路上、车上，给人一种万物复苏的感觉。

身体就像龟缩在壳里的乌龟，在这朝阳的暖照下，忍不住要探出头来，吸一吸，闻一闻，看看春天是不是已经来了。

立春早就过去了，可是那是黄河流域的节气，不是关外这极北苦寒之地的节气。

那么，东北进入春季的标准是什么呢？

> "5天滑动平均气温稳定≥10℃的第一天为春季的开始日期，5天滑动平均气温稳定≥22℃第一日的前一天是春季的结束日期。当某区内70%县站进入春季，则该地区进入春季；全省70%县站进入春季，则全省进入春季。"

这是"360问答"上的答案，看口气应该是气象行业的标准说法。

二

虽然暖阳高照，但是，看看车上的温度计，－10℃，与春天的标准竟然还有20℃的差距。

可见感觉往往是不靠谱的。

老杜对现当代历史比较感兴趣，有空就看一点。在历史中发现这样一个现象，就是感觉的往往不靠谱。

比如1949年中华人民共和国成立后，人民翻身当家做主人，打了土豪、分了田地，欢天喜地种庄稼、过日子。

这感觉，就是盛世。

可是你如果能够穿越回去，问一问当时的人们，你认为现在是盛世吗？

可能不是。越是有文化、有见识的人往往越认为不是。

中国经历半个多世纪的内乱和战争，满目疮痍、百业待举，需要修复的东西太多了，需要建设的东西太多了，人们有忙不完的事，日忙夜忙依然忙不过来，所以伟大领袖说"一万年太久，只争朝夕"。

那个时候的人们，认为明天会更好，明天一定会更好，不久的将来，盛世一定会到来。

而当时，仅仅是国家与民族创伤的恢复期。

三

老杜以前说过，幸福是比较出来的。

为什么？

因为幸福其实是一种感觉，我感觉自己很幸福，我感觉自己不幸福，都是感觉。

今天的太阳，我感觉比以前暖、比以前舒服，所以就感觉很幸福，好像春天来了；这顿的排骨，没有上一顿的香，我就有不满，为什么越做越差呢？

可是，如果我在平均气温10℃以上的春天里，突然遭遇-10℃的残冬寒流，我的感觉会是幸福吗？

如果整整一年没有吃过肉，遇到一顿排骨，我还会挑剔味道是不是有去年的排骨香吗？

四

还有一些事情，也是这样。

以前我们可以在网上胡说、瞎说、放泼地说，现在不行了，于是我们觉得不舒服，觉得这是言论管制。

以前，我们可以随便发虚假广告、卖假药，现在不行了，我们觉得很难受，因为我们再也骗不到钱了，或挣不到骗子的钱了。

还有些书，我们买不到了，觉得是不是又有出版管制？

总之，我们仿佛感受到了无形的管制，马路上的规则越来越多了。

五

一段时间以来各种信息混杂，朋友们也多有讨论。

有朋友就说:"等等看,别急着下结论,看看再说。"

老杜也看不明白,老杜也有牢骚,可是仔细一想,朋友的话是有道理的。

"不急嘛,看看再说嘛!"罗振宇就一直在说明天会更好。

"牢骚太盛防肠断,风物长宜放眼量。"

这是伟大领袖的诗。老杜今天把它拉来当作题目,其实首先是想劝自己,看历史,时间短了是不行的,一时是看不清楚的。

我们不妨有点儿耐心、有点儿度量,就像老杜朋友们说的那样,等等看,别急着下结论,看看再说,看看再说吧。

春天,是一切开始的日子

一

大太阳明晃晃地照着,暖暖的。

老杜生活的这个塞外小城,今天的最高气温已经是10℃,现在应该没人怀疑春天已经来了。

春暖,接着就是花开,美好的季节开始了。

一年之计在于春。

计划早就该有了,现在是落实的时候,是行动的时候了。

这一段时间,一直在与同事们、朋友们谈方案,活动方案、报道方案、开发方案、操作方案……

那感觉,就像你在果园里,眼看着沉寂了一冬的果树,那枯干的树丫上一个个地冒出花苞,长出嫩芽。然后,它们会泛绿、开花、结果,共同营造一个葱葱郁郁的夏,一个硕果满枝的秋。

我们谋划着、思考着、交流着、行动着。

这就是春,季节的春,人事的春。

二

工作不好找,生意不好做,一句话,钱不好挣。

跟朋友们交流的时候，我总是劝朋友们今年要小心、小心，如果没有大的把握，不要进入陌生的领域。

可朋友们说，你说的我们都知道，不好挣又不能不挣，又不能喝西北风。所以还是要努力地去挣，虽然明知风险更大。

这是很多朋友的共同感受。

刚刚在网上跟同事讨论活动方案，大家都在努力把一个种子种成参天大树。可是去年我们种了，没有长多大。今年我们还要种，又引进了新的合作伙伴，购买了新的肥料，今年能长多高多大？

我们还是心里没数。

现在的经济形势，现在的碎片化市场，出身传统媒体的我们，真的已经失去了曾经的那份自信。前几天，与同事们讨论刚刚做的一个不成功的活动，我说，让我们做实习生，从头学起吧。

三

春天，是一切开始的日子，包括重新做学生、从头学起。

老杜不满30岁进传媒，干了20多年，一直在学习。先是学习业务，然后学习市场，现在，又学习新媒体。学习了20多年，现在的感觉，还是实习生。

有这样感觉的人，不止老杜我一个。一些做企业的朋友也这么说，尤其是做市场的，大家都感觉不太会玩儿了，找不到市场，抓不住顾客，都觉得需要重新学习了。

但是，他们有一点很值得我们学习，他们是边干着边学着，边学着边干着。也只有这样在实践中的学习，效果才会更好。

我和我的小团队也实践着、忙碌着，以一个实习生的心态。

四

春节长假还没有结束时，在朋友圈闲聊，有朋友发牢骚，说自己太忙，连一个完整的假期都休不着。

当时我说，你这是在拉仇恨。你忙证明你有事做、有机会、有希望；有多少人正在家里呆得发蒙，找事也找不着呢？

不是吗？

当春天来了的时候，我们就投身到灿烂的春光里去，去学习、去实践、去忙碌，我们努力培育一个春天的希望，并用自己的汗水浇灌，期待长出丰硕的果实。

"舒服"的味道

一

今天的原计划是按着既定的思路，往下捋关于中国历史政治的学习与思考。

我已经把一摞书与参考资料放到电脑旁，准备围绕一个题目。

可是，就在我研磨一份"耶加雪菲"，准备做手冲咖啡的时候，我的思绪就被咖啡的香气给吸引了。其实这款豆子的烘焙时间是2016年5月3日，到今天19天了，已经过了它最芬芳的时间段儿了。

咖啡豆烘好了以后，不能马上喝，要养一段时间。这个时间一般是3~5天，根据烘焙程度与豆子品种而不同。但不管什么豆子，到了19天都过了最佳赏味期了，就像一个美女已经人到中年，虽然另有一种成熟的韵致，却已经不再青春逼人。

然而这款已经略显"过期"的豆子的香气，依然拐走了我的思绪，让我不能把思想集中到枯燥的历史政治题目上，却有一种感觉越来越强烈而清晰，那就是——舒服。

二

20年前，老杜在朋友的启蒙下开始喝咖啡，那时的咖啡就是现在的雀巢三合一，老杜生活城市的所谓咖啡馆里也只能提供这个。那个咖啡馆叫燃情岁月，就坐落在著名的大庆经六街中段，老杜与朋友在那里有好多难忘的记忆。

后来到了2000年的时候，大商超都有瓶装或听装咖啡粉卖了，还是以三合一为主，也有咖啡粉与伴侣分装的那种，包装成礼盒，中间赠一只红色的杯子和一只金灿灿的勺子。

那时老杜上夜班，经常买这种咖啡自己冲。当时有同事只喝苦苦的纯咖啡，不加糖、不加伴侣。我不喜欢，而且有很充足的理由：人生已经够苦的了，我们就是要努力往里面加点糖和奶，让它可口一点儿，喝着舒服一点儿。

我的这个观点可以说，到现在也没有变。所以最早的现实主义电视剧《渴望》我不喜欢，后来的《蜗居》我根本就一集都没看，听着大家的议论，我知道又是一部反映现实坎坷的作品。

我们所亲身经历的现实还不够坎坷吗？我们还用去观赏别人所经历的坎坷吗？如果把我的亲身经历写出来，我相信已经不输任何一套现实主义电视连续剧了。

所以，我们不需要通过品鉴或观赏别人所经历的坎坷来鼓励或安慰自己。

三

用这个观点来解读咖啡，一个前提就是咖啡是苦的。这一点在过去曾经是常识加共识。

在还没有见过咖啡的更早的20世纪七八十年代，邓丽君用歌声告诉我们有一种饮料叫咖啡（《美酒加咖啡》），后来张帝又告诉我们咖啡是苦的（《一杯苦咖啡》）。再后来就到了90年代，当我们真的尝到了咖啡，它真的好苦哇！

这个认识延续了好多年，甚至直到老杜生活的城市有了真正的咖啡馆，咖啡馆里有了真正的单品咖啡——蓝山，它依然是苦的。

一直到去年，同事中有人认真学了专业的咖啡制作回来，老杜才喝到了不苦的咖啡。

原来，咖啡不是一定要苦的。

四

那么咖啡本来的味道应该是什么呢？

或者，反过来说，什么样的咖啡才是一杯好的手冲咖啡（另有花式咖啡，加奶、加糖、巧克力酱等）呢？

我的观点是：舒服。

咖啡，源自一种植物的果实——咖啡豆，富含一千两百多种化合物，这些化合物为咖啡带来了丰富的味觉和嗅觉特点。比如这款"耶加雪菲"，会有淡淡的迷人花香，近似茉莉花与百香果的香味。

然而，咖啡豆要经过烘焙、研磨、冲煮，才能成为一杯咖啡饮料。咖啡豆如果烘焙得比较重，就像炒黄豆炒糊了，就有了苦、涩的味道；如果冲煮的过程中水温不适当，也会出现过酸或苦涩的味道；如果冲出来后放置时间过长，也会出现酸、苦、涩的味道。

所以，可以说，手冲咖啡——最能反映咖啡原风味的咖啡喝法——口味是相当丰富的。包括花香、果香，还有制作过程中产生的酸、苦、涩等味道。

曾经有朋友向老杜讨要制作手冲咖啡的技巧，我从网上找了专业的冲煮技法视频发给朋友，朋友看完微信说："你确定这是做咖啡，不是搞化学实验？"

确实，无论是制作咖啡的工具还是流程，都像极了化学实验。

五

老杜在上面说了，烘焙、冲煮不当会出现苦、涩、酸等味道，那么，如果一切都恰到好处，那样的一杯手冲咖啡是什么味道呢？

我的感受是：舒服。

当一杯手冲咖啡做出来时，你轻呷一口，它不苦、不酸、不涩，那么，剩下的是香吗？是甜吗？

嗯，有点儿香，清幽的花香；又有点儿甜，微微的甜，比农夫山泉意淫的甜味儿稍微真实一点点。如果是蜜处理豆，会更鲜明一些。而像老杜正在喝的这杯"耶加雪菲"，则仅仅是去除了苦、酸、涩等不好味道之后的一种舒服。

我没有从中喝到明确的茉莉花的味道，蜜橘的味道，百香果的味道，我只是喝到了舒服的味道。

六

那么，舒服到底是一种什么样的味道呢？

昨天，老杜去书店参加一个活动，完事儿以后，跟谈得来的朋友去了咖啡馆。明媚的阳光从大玻璃窗投射进来，落到桌上、椅上、身上，我们点一杯咖啡，沐浴在温暖的阳光中，边喝边聊，度过一个非常舒服的上午。

与喜欢的朋友，喝着喜欢的咖啡，聊着喜欢的话题，这样的生活，就是我理想的生活。

你问我理想的生活是什么感觉？

我的回答也是这两个字：舒服。

所以，与其说舒服是一种味道、一种状态，毋宁说是一种感觉。

在我这里，理想的咖啡味道是舒服，理想的生活状态也是舒服。

现在，当我坐在电脑桌前，品着舒服的手冲咖啡，写着心里想说的话，我现在的感觉，就是——舒服。

雨中咖啡半生缘

一

整个城市日复一日地浸泡在雨中，这样的日子在北方极少见。

现在，我的城市正在过着这样的日子。

经历了三四个阴雨天，今天早上，拉开窗帘，湿漉漉的窗外，一片滴水的翠叶上面，定格着夹在两栋高楼间的一小块阴郁沉重的黑云；走到室外，小雨零零星星地飘着。

到了中午，当我顶着小雨开车去赶一个饭局，忽然天昏地暗，暴雨倾盆，前面的车尾立时成了模模糊糊的轮廓，大家都打开双闪，把雨刷调到最快，在顺着风挡下流的雨帘后面努力地睁大着双眼，缓缓前行。

暴雨总是来得快去得快，也就三五分钟，当我到饭店门前寻找车位时，就过去了。

此后的整个下午，雨一直下着，时大时小，时而滴答，时而刷刷，就在窗外。

二

我对面前的朋友说，我喜欢这样的雨天，这才是夏天的样子。

朋友说，我也喜欢。

说这话时，我正与三个朋友，闲坐在咖啡馆临窗的位子上，听着外面的雨声，有一句没一句地扯着闲话，一人面前一杯美式咖啡。

我们几个常去咖啡馆，喝的咖啡也总是美式。

当服务生用一个托盘把四杯美式咖啡一起端上来的时候，我忽然想起四五年前的一件旧事。

那还是我们这个城市历史最悠久的一家咖啡馆关门前一年，一次，他们几个先到，点了两杯美式，还没端上来，我到了，就又加了一杯美式，三杯咖啡一起端上来，大家一入口，就喝出不对了，淡了许多，咖啡师把两杯咖啡兑上水分成三杯给我们端上来了。

大家哈哈大笑，原来是把我们当成"菜鸟"了。

三

这本来是我们这座北方城市第一家真正的咖啡馆，已经成功经营了七八年。但在出现这个问题前不久，原来成熟的服务人员都被撤换。服务人员换了很多生面孔，像我们这样多年的老客人都不认识，还做出了掺水的行为。回头想想，后来的关张也是在情理之中了。

老店、老员工、老顾客，就像一曲古老的地方小调，充满着悠然的温情。可惜，不知什么原因，偏偏有人要旧曲翻新，于是就变味成掺水的咖啡。

跟服务生聊起这件事，服务生也笑，居然有这样的事。

咖啡店的服务生，大致分两种人：

一种就是在找个工作，所以对咖啡的品质、顾客的品位无所谓；

一种是咖啡的爱好者，本来就极喜欢咖啡，对自己的咖啡制作手艺有着近乎痴情的迷恋。

这第二种咖啡从业者，可遇而不可求。如果喝咖啡遇到这样的从业者，可以说相当地幸运。我们曾经在不同的咖啡馆里遇到这样的咖啡人，很幸运地跟他们学到很多关于咖啡的知识。

这样的事，只有在咖啡馆能遇到，在任何一个饭店、一个茶馆，都不可能。这也是咖啡馆最与众不同的地方。

四

四个年龄加起来已经超过二百岁的老男人坐在咖啡馆的一角，你一句我一句地说着闲话，看着外面的雨。

我说："等我们退休了，也能这样，多好！"

我说，我说，我们几个在一起，总是我在说。说不清为什么会这样，反正没有我的日子，他们会少很多话。所以，我想，退休了，他们一定不会舍得离开我，少了这样一张喋喋不休的嘴，他们得多寂寞。

以前看过一个段子，叫《你有几个老伴儿》，这个老伴儿，不是陪你睡了半辈子的那个人，而是跟你玩了半辈子的那几个人——老的玩伴儿。

可能那时候已经玩不动了，可是每天吃喝拉撒睡之余，有这么几个老家伙在一起，哪怕就在一起坐着喝喝咖啡、听听雨声，也会觉得生活还有得过。还不至于让人绝望到每天去听保健产品说明会，然后花大钱买回一堆没用的垃圾。

五

我们几个人相遇，是从 1994 年开始。因为有共同的读书爱好，后来渐渐地凑到一起，从两个到三个到四个。现在算来，20 多年过去了，我们却还是会抽空聚在一起，喝喝咖啡，聊聊天儿。

刚认识咖啡的时候我 30 岁，现在，我 50 周岁的生日也已经过去了。人生就是这么的不扛过，稍微一走神，就是半辈子。

望着窗外淅淅沥沥的雨，我在想着我们曾经在一起的日子，在澳门，在香港，在厦门，我们一起满世界找咖啡馆。我自作聪明地带个车用的导航仪，用来指挥出租车，结果不是从咖啡馆门前经过，就是到了地方根本没有咖啡馆。因此，我被他们几个嘲笑了好长时间。

还有在厦门的筼筜湖畔，我们沿着湖边一个咖啡馆一个咖啡馆地喝下去，一直喝到半夜才肯回去。

六

不知不觉间，我们几个分分合合，已经相伴着一起走过了 20 年，成了名副其实的老伴儿。现在，我们都已经走到了人生的秋天，未来还会有多少日子让我们一起走下去？这个还真的不太能想得清楚，尤其是我，我已经几次与他们分开，然后又重聚，再分开，再重聚。

这个不安分的，这个不稳重的，一直是我。

好在，每次的出走，都没有真的离开，都是在不远的地方逛一逛、停一停，又回来。就像这窗外的雨，时大时小，时下时停，却终是不肯彻底离开。

匆匆的蚂蚁，匆匆的人

一

2016年夏天，南方是"汤锅"，北方是"蒸锅"。

在我所居住的这个北方小城，过去一周多的时间里，每天的最高气温都在30℃以上，昨天半夜驱车回家，室外温度居然还达到27℃。

这样的天气，很多人选择待在空调房里，我则找到了一个好地方，就是居住小区的小广场树荫下。每个炎热的上午，我都收拾好一整套的设备——桌布、坐垫、书、草纸、笔、镇纸、手机——到树荫下的广场桌去读书。

炎热的夏日，寂静的小广场，垂柳的浓荫之下，粗糙的广场桌边，阵阵微风中，我时读时思。偶有蝴蝶翩翩飞过，落到一侧的草丛中，柳枝间有麻雀，叫声不婉转，但很清脆。

前几天我曾经说，这就是我梦想中生活的样子。

二

地上，有蚂蚁在爬。

读书累了的时候，我就看它们。

也许是因为缺少天敌的缘故，这里蚂蚁特别多，地上到处都是。它们匆匆地爬来爬去，有的拖着一角枯叶，有的什么也不带，没有队形，没有章法，就是在地上、草上、广场桌上、长条椅子上到处匆匆地爬，一副忙忙碌碌的样子。

我忽发奇想，想找到一只沉思的或休闲的蚂蚁，于是在目光所及的范围内努力地去找，然而我失望了，我看不到一只停在那里的蚂蚁，每一只蚂蚁都在匆匆地爬行中，间或因遇到障碍而稍停，它们也没有审慎地思考，马上换个方向，匆匆而行。

三

在人类的各种寓言故事中，有两种动物常常被当作勤劳的典型，一个是蚂蚁，一个是蜜蜂。

蚂蚁不仅勤劳，据说还是"大力士"，能举起超过自身重量七倍的重物。

勤劳是好事，但太过于勤劳，却往往四肢发达、头脑简单。换句话说，如果总是在行动，往往会没有时间深入思考。所以印第安人才说，"如果走得太快，要停一停，让灵魂跟上来。"

走得太匆忙、太快，就连灵魂都会掉队。

四

我们都喜欢看西方的大片，尤其喜欢他们拍片的大视角、大画面，高楼林立，人如潮涌。

现在想想，这些大片中俯拍的西方的商业街区，地上的一个个人，小得就像这蚂蚁，忙碌得也像这蚂蚁。人们穿着的不管是西装革履、休闲衣裤，还是华贵礼服，都在匆匆地从一个地方奔向另一个地方。西装革履的可能是奔向谈判场所，休闲衣裤的可能是奔向度假场所，华贵礼服的可能是奔向派对场所……

古代形容这样的场面叫"车如流水马如龙"，现在看这样场面的感受是车如流水人如蚁。

五

对，人就像蚂蚁。

就像现在我脚下的这些蚂蚁。

人们匆匆忙忙从一个地方奔向另一个地方，或者拖着拉杆箱，或者提着公事包，或者什么也不带，攥个手机就出门。

看外表的样子，人们跟蚂蚁是没有什么区别的。当我们在城市的上空俯视，只要高度足够，只要比例相当，地上的每一个人，看起来与这小区广场上忙碌的蚂蚁是没有区别的。

六

我们看蚂蚁，匆匆忙忙，到处乱跑，没有规律，没有章法。但是科学家们研究蚂蚁，却发现蚂蚁的世界不那么简单。

蚂蚁为典型的社会性群体。具有社会性的三大要素：同种个体间能相互合作照顾幼体；具有明确的劳动分工；在蚁群内至少两个世代重叠，且子代能在一段时间内照顾上一代。

蚂蚁绝对是建筑专家，蚁穴内有许多分室，这些分室各有用处。蚁窝牢固、安全、舒服，道路四通八达。蚂蚁窝外面还有一圈土，还有一些储备食物的地方，里面通风、凉快、冬暖夏凉，食物不易坏掉。

七

社会性，是人之所以为人的根本特征。一个人如果生活在山里，或生活在狼群里，它就是自然意义上的人，不是社会意义上的人。也就是说，只有当一个人与其他人建立起联系，才能称其为人类社会的人。所以，可以说，我们每一个人都是"社会人"或叫"关系人"。

而蚂蚁，居然也有社会性，而且有着很成熟的社会性，有分工合作，有世代，有相互照顾。所以，每一只蚂蚁，也是"社会蚁"。

当发现蚂蚁有着与人类很相似的社会结构与组织能力时，我们会想到什么呢？

你说，真是神奇的蚂蚁。

是吧？

八

可是从另一个角度来说呢？

可不可以说可悲的人类呢？

虽然科学家们研究的结果，证明蚂蚁貌似无目的地匆匆忙忙其实都有目的，但是，这仅仅是从蚂蚁种群自身的角度得出的结论。

从一个超越种群的视角来看，它们的这种匆匆忙忙其实没有意义，因为只要我一动脚，就可碾死不知道多少只正在忙碌的蚂蚁。

人类也是一样。公元元年前后，人们建造了城墙高耸、宫殿华美的庞培古城。可是，当庞培城里古罗马时代的人们，正忙于观看角斗场内奴隶们角斗比赛的时候，维苏威火山喷发了，于是，整座城市包括它的民众在极短的时间内被火山灰淹没了。

庞培古城、古罗马时代的贵族、奴隶，包括这座城市全部的创造与艺术，全部灰飞烟灭。

从一个超越人类的视角，维苏威火山，就是我这只穿着凉拖的脚，而人类，就是这脚下的蚂蚁。

九

南方洪水汹涌，城市大水漫灌，体育场成了水盆，豪华小区成了孤岛。在这些被水淹的城市中，武汉名气最大，也受害最深，人称去武汉"看海"。

有媒体分析武汉能"看海"的原因，"城市人口快速增加，城市急剧扩张，房子越修越多，河占了，湖填了，水没地方流了自然会回到原来的位置。"据武汉市水务部门统计，素有"百湖之城"美誉的武汉，其中心城区的湖泊数量已从新中国成立初期的 127 个，急剧萎缩至如今的 38 个，湖泊调蓄城市降雨、缓解内涝的功能越来越弱。一座历来地势低洼的江城，城市里的水变得无处可去。

人们忙忙碌碌地建城市，扩大、美化自己的家园，有什么不对吗？

没有。可是，从超越人类的视角来看，这忙忙碌碌的人类，与匆匆忙忙的建蚁窝的蚂蚁，又是何其相似呢？

千辛万苦建成的蚁窝禁不住人类的一脚，精雕细琢的城市禁不住一阵暴雨、一场台风。

不管是蚂蚁还是人类，如果仅从自己的角度想事做事，就永远无法理解世界，永远无法与世界和谐相处。而如果想要理解世界，就需要我们有超越的视角、超越的眼光、超越的认识能力。

十

那么，如何找到这超越的视角、眼光与认识能力呢？

我想到了陈丹燕《我的旅行哲学》中的一段话：

"人们知道自己是自然秩序中的一环，而不是游离于秩序外的统治者，或者说使用者，这并不容易。

人是自大的动物，虽然没有一双像狗那样能将一切变小的眼睛，却有一颗自以为是的心。但一个人只要诚实生活，总有一天，会在某一处自然中突然发现自己的位置，就像小孩子终有一天会发现自己的影子。

到这领悟的一刻到来，人就会默默在自然面前站起身来，致敬，心中欢喜而谦卑。"

那一声声呼唤,让我泪流满面

一

早上起来,是个大晴天,决定去看妈妈。

农历七月十五是民间的鬼节,今天已经七月十二,家里人张罗着,老杜也想,该去看看妈妈了。

准备好香、火、纸钱,又准备了纯净水、抹布,驱车上了大广高速。

虽然是晴天,天空却不是秋高气爽的湛蓝,极目一片白色的云海,隐现着几座孤零零的山峰。让人想起了白居易的诗句:忽闻海上有仙山,山在虚无缥缈间。而这云海仙山的下方,就是妈妈的"居所"——龙凤公墓。

二

前来祭奠扫墓的车已经从公墓停车场沿路边排出去老远,墓园内人流络绎,香烟袅袅。

妈妈的墓碑安静地立在碑林中,附近也没有别家的人来祭奠,但从香炉里剩余的残香看,妈妈的"邻居"已经有亲人来过了。

因为连日阴雨,墓碑很干净,我把纯净水倒到抹布上,认真地把墓碑和墓穴盖板擦干净,点上香插在香炉里。然后说,"妈妈,我去给你寄钱,你收钱吧"。

说罢,提着两大塑料袋纸钱,去这墓园里的"邮局"给妈妈"寄钱"。

焚烧纸钱的地方在墓园的东北角,一排排的壁炉,上面或刻着十二生肖的形象,或干脆就写着牛、虎、鼠等字样。已经有十余家人在这时"寄钱",微风起处,纸灰飞舞、烟雾缭绕。

三

我先把写着地址的信封点着,然后开始焚烧纸钱,又扯出一张扔到外边,"打发打发外鬼",不让它们来跟妈妈争抢。

就在这时，我的右后方，矮墙后另一处焚烧纸钱的地方，响起了年轻女子的声音："爸，收钱吧！……爸，给你送钱来啦！……爸，收钱吧！……爸，收钱啊！……"

一声又一声，不紧密，也没有太多的间隔。那声音，就仿佛是在家里说话，"爸，吃饭啦！爸，太阳出来啦！爸，把脏衣服脱下来，我给你洗了吧！"

这声音，不只震撼了我，另一处正在焚烧纸钱的中年人也不由得向那声音的来处张望。

而那声音，依然那么自然地、又极震撼地叫着："爸，收钱吧！……爸，给你送钱来啦！……爸，过节啦！爸，收钱啊！……"

我终于忍不住，泪流满面。

四

我不知道这是一个怎样的父亲，能有这样一位孝顺的女儿；因为有墙挡着，我也没看到这说话的女儿是个什么样子。我想在这女儿的心目中，父亲是活着的，只是换了一处住的地方，不再跟家人住在一起。

所以，过节了，她来给爸爸送点钱，送点好吃的，跟爸爸聊聊天儿，说说家常话。

这个时候，我忽然就变成了有神论者，我希望真的有另外一个世界，她的爸爸在那里幸福地生活着，听着这孝顺的女儿跟他聊天儿，收着这孝顺女儿寄给他的钱，然后向街坊邻居显摆，我女儿又寄钱来了。

我也希望我的妈妈也是他的"邻居"——本来就是邻居嘛，大家都住在龙凤公墓——当他显摆的时候，我妈妈也说，"我儿子也来看我了呢！也给我寄了钱，还帮我扫了房，打扫了卫生……"

如果真是这样，那该多好啊！

五

在不久前的一期"罗辑思维"中，罗振宇对比东西方文化说过一个观点：东方文化的特点是"全知道"，西方文化的特点是"不知道"。

这个观点乍听觉得有道理，西方人确实比我们对未知世界更感兴趣，但说东方文化的特点是"全知道"也有偏颇之处，比如东方文化的代表儒家文化里，就有"子不语"的部分，其实就是未知。"不语"的理由，孔子曾经说过："未知生，焉知死。"

按孔子的"知"，恐怕我们到死也不敢说自己已经"知生"，所以千百年来，信奉儒家的人也就没有机会去"知死"。而现代科学又否定了神魔鬼怪，否定了前生来世，让我们连一点念想都找不到了。

六

比如"七月十五"，民间称为鬼节，道家称为中元节，佛家称为盂兰盆节，当然各有来源，各有故事，但老杜这么多年以来却还是头一次拿这个日子当个节去过，去给妈妈扫墓、寄钱。

而偶然听到一个女儿对父亲说话，却震撼了我的心，让我感受到了"活在心里"的真实样子。

寄完了"钱"，我又回到妈妈的墓碑那里去，去跟妈妈"聊聊天儿，说说话儿"。

而妈妈，在这初秋的暖阳下，就坐在一堆"街坊邻居"中间，听着我说话，笑盈盈地看着我，还跟"邻居们"说，"这是我儿子，要过节了，又来看我了……"

凛冽的日子到了

一

凛冽的日子到了。

早上开车出来，车上拔凉。儿子在后座，缩手缩脚。

"好冷啊！"说话都是颤音。

霜降已过，气温最低达到零下 6 摄氏度。

冬天，来了。

年轻的时候，我特别羡慕南方的四季皆春，常幻想着有机会去春城昆明生活，享受那一年四季永远春暖花开的日子。

多好啊！想想都觉得舒服。

衣着轻薄随意，出门轻便潇洒，满目叶绿花红，心情也舒畅怡然。

二

2010年"十一"黄金周前后,陪父母在广西南宁住了半个月。

那时东北已经开始落叶,可一到南宁,触目皆绿。我们住的小区,除了高高的楼房挺拔秀出,其他的一切都掩映在无边翠色里。

这是一片新楼盘。施工的时候我们来闲逛,楼还在建设中,楼下的绿化工作却已经做得八九不离十。于是我就爱上了这个小区。

后来想明白,在这种地方,不存在绿化问题,这里的问题是,在太阳下一片漫无边际的绿色里开出哪一块供人类栖息。

住地不远是青秀山,青—秀—山,听听这名字,就知道又是一片翠色的领地。去走一走,果然,无论是热带巨大的林木,还是亚热带种类繁多、记不住名字的杂树,都一律葱茏翠绿。

美丽的环境,清新的空气,舒服的气温,让我这个东北人乐不思蜀,每天抱着仅仅半岁的小儿,在绿色间流连。

三

中午,外面有太阳,就抱着小儿趴在窗台向外面闲望,欣赏这无边的绿意。

然而有一天,望着望着,我忽然有点厌倦,心想,如果一年四季,外面永远是这样的颜色、这样的景致,是不是很单调呢?

我又联想到了熊培云的那句话——不能离开的天堂是地狱。

既然美如天堂,也会让神有看厌了、待倦了、想换换环境的想法,何况人呢?

于是我开始怀念东北有棱有角、个性分明的四季。

四

2008年"五一",我去山东威海度假,住在海边渔民家里。

那里的渔村都已经开发成休闲度假村,盖起了一排排的二层小楼,一楼是渔民自己家的生活区域,二楼是接待游客的客房,被褥簇新,整洁干净。

有客人来,好客的村长都来陪着聊聊天,问问有什么需要、有什么意见,捎带给自己的渔村做做广告。

我说,"你们真的很有福气,住在这依山傍海的好地方"。

老村长说，"哪有你们那里好哇！广阔的大平原，庄稼就像海，一眼望不到边，夏天一片绿，冬天一片白，可以滑雪，可以滑冰，还可以做冰雕"。

五

听到海边的人这么说话，我有点儿意外，又以为他是跟我们说客气话。

他接着说，"我年轻时去过你们东北，正是冰天雪地的时候，戴着大狗皮帽子，缩着手出去看风景、打雪仗，太开心啦！可惜时间紧，没待够……"

年纪咋也得六十大多的老村长，说话时眼里放着光，沟壑纵横的脸上是孩子般开心的表情。

当时我心里一震，原来我早已经看厌了、待腻了的东北，在海滨人眼里这么美。

六

上了点儿年纪，经了些坎坷，今天的老杜不再期盼四季皆春的风景，也不再羡慕永远欣欣向荣的日子。

反倒觉得东北这分明清晰的四季恰恰好，更能体现人生的真实。

大到人的生、长、老、死，是人生的四季；小到一个目标在心里生发、在现实中培育、在追求中成长、在奋斗中结果，是做事的四季；再到一个隐隐的好感在心中萌生，发展为在现实中的接近、追求，再到由隐而显、两情相悦，最后到感情确定、结婚领证或感情破裂、各自西东，是情感的四季。

七

这四季，个性鲜明，风景迥异。

春的脆弱隐忍，不事张扬又迅速铺展，如春风又绿江南岸；

夏的热烈明丽，大肆铺张且高歌猛进，如百万雄师过大江；

秋的沉着成熟，硕果满枝而伤痕累累，如满城尽带黄金甲；

冬的朔风凛冽，侵体伤身还摧枯拉朽，如风刀霜剑严相逼。

季节是要转换的，生命是有周期的。四季轮替，锤炼生命坚强；生老病死，演绎天道循环。每个季节自有它的使命，自有它的意义。

凛冽的日子到了，它要摧残我们的身体，它要折磨我们的意志。它更是在提醒我们，天道自有循环，生命自有休息；没有永远的高歌猛进，也没有永远的霜剑风刀，只有熬过这凛冽的冬，自有那生机勃勃的又一个春季……

跨年的思绪

一

2015年最后的夜晚,我坐在电脑前,懒懒地敲出一个字:跨。

因为工作的节奏与众不同,所以老杜比大家早放一天假,早上一天班。今天,已经懒了一天。

我的假期,是跨年的。

无疑,此时此刻,"跨年"是最热的词汇。

各大卫视都有明星云集、声势浩大的跨年歌会,邓超、李晨、范冰冰、那英、林忆莲、草蜢、李宇春、郑淳元、李宗盛、水原希子、陈道明、郭兰英、关牧村、马伊琍、许艺娜、广州恒大……

我的天,这歌会可不仅跨年,还跨代,基本从20世纪50年代到现在的明星都有;

还跨界,不仅有歌星,还有影星、球星、模特;

还跨境,不只海峡两岸和香港,还有美国、日本、韩国的模特和歌手。

二

正在"跨"的不仅有各大卫视,还有罗振宇。

从2015年起,罗振宇准备用20年的时间,每年举办一场"时间的朋友"跨年演讲。2015年是第一次,地点是北京的"水立方",他准备从2015年最后一天20:30讲到2016年0:30。

看来,不管是歌星、影星、球星的粉丝,还是罗振宇"爱学习的小伙伴",今晚都注定是一个不眠之夜。

当罗振宇张罗跨年演讲的时候,老杜也曾经有那么一刹那的冲动,想去北京凑一凑热闹。可是一想,要坚持20年,自己心里就打了退堂鼓。

坚持20年,老杜都70岁了,估计是做不到了。

我也是一个自诩有"死磕"精神的人,可是,却不敢保证自己能够每一期都赶得上。

向"死磕"精神勇冠三军的罗振宇致敬。

三

时间一点一点地过去，经历渐渐变成回忆，我们曾经信誓旦旦地坚持过好多，却又草率地放弃。以致，我们对到底什么值得坚持都产生了怀疑。

这让我联想到小孩子抢玩具，一个玩具，两个孩子，谁都不放手，一定要抢到手，可是，真的抢到了，拿回家，扔到角落里，连看都懒得看。

这是为什么？

因为没有人争了，竞争者消失了，玩具的价值也就消失了。

其实孩子并不是真的喜欢这个玩具。

四

这又有点儿像拍卖。

拍品的价格不是由拍卖行定的，而是由竞争对手定的。你本来只想花10元来买这个东西，却因为竞争对手的抬价，花了100元才得到它。

可是，它在你心里原本只值10元的。

对于外面的世界，我们其实很多时候都有自己的评价与判断，知道我们愿意付出什么样的努力去争取、去交换。

可是，因为竞争的关系，我们的判断会被干扰，会被误导，最终，我们付出很多，去争取我们并不怎么喜欢的东西。

五

这一生，我到底喜欢什么？到底想要什么？什么才值得我为之去努力，又有什么值得我付出一生去"死磕"？

五十岁的老杜用这几个问题为自己做减法，把那些不值得在意的东西剔除出自己的土篮子。然后，看看筐里还剩下什么，保护好，紧紧地。

又一年，我们即将跨过去。休息一下，我们继续。

继续什么？为什么而努力？

梭罗说："绝大多数人都活在平静的绝望里。"

我把这样的人称为在困难面前"原地坐下"的人。

可是，他们"原地坐下"一定是错的吗？

周国平就说:"然而,人生到底有没有意义?不知道。"

哲学家都这么说,老杜还能说什么?

"我的人生我做主",这句已经臭大街的话,最初到底出自谁口已经无法考证,但此时此刻,老杜想说的,还真的只有这句话。

在浩瀚的人生海洋里,寻找到属于自己的乐趣,然后努力地去追求这乐趣,你就是在赋予自己的人生以意义。答案就这么简单,简单到你以为不是答案,很随意地就跨了过去。

雪胡同里的春节大逃亡

一

早上起来,幼子就张罗去小姨家找弟弟玩。

夫人的小妹妹家,有个比幼子小半岁的男孩儿叫蛋蛋儿。两个孩子见面亲得不得了,一起玩不到20分钟就打起来,从小如此,直到现在。

因为幼子张罗,大年初一我们就去了蛋蛋儿家,可惜待了两个小时就逃出来了。

不错,老杜没写错字,是"逃"出来的。

蛋蛋儿家在农村,距县城仅23千米。现在乡村道路都挺好,夏天去很方便,基本是预制板路面,进屯后路面差点儿,也都是硬底子,即使下雨,也还进得去出得来。

就怕下雪。

二

一旦下雪,进出屯唯一的路就封死。

这里的封路不是像高速,怕雪大不安全,管理部门主动封路。这里是积雪太厚,把路堵死,车走不了了。

太厚是多厚?

一尺就挺厚,是吧?

这里的太厚是用米量的，前年我赶上的积雪，就要一米半以上。就是说要比车篷顶还高。

一米多厚的雪积在路上，别说跑车，人也走不过去。曾经有四驱的越野车上来比量过，没走多远，大雪就把车底盘托起，四轮全落空，八驱又有何用？

那么，怎么办？总不能任由路就这么断着吧？

这里的方法是用推土机推，推土机把路上的雪推到两旁，中间推出一条雪胡同来，人车就从这雪胡同里进出。

三

大年初一中午，外面阳光灿灿，我们心情好好，既然孩子要去小姨家，那么就去吧。

开车从桦南县城出来，路况还不错，到了大张家村，开始拐进雪胡同。

今年还好，雪不太厚，估计厚处也就一米左右，其他地方也就半米上下。两侧是雪墙，车轮下依然是雪，雪地边走边打滑，车屁股拧来拧去。

一路顺利，到了蛋蛋儿家，幼子见蛋蛋儿第一句话笑翻了满屋子里的人："弟弟，是不是想哥哥想坏了？"

蛋蛋儿很给面子地回答："想。"

四

乡下热闹，亲戚多，大家吃饭聊天儿打麻将，尽管忙，却有个过年的热闹劲儿。

正忙活着，不经意间一瞅窗外，不知从何时飘起了雪花，心里咯噔一下。

前年春节，我们一家就被大雪困在这里，从初二到初六，将近一周，里不出外不进。

这不是要旧戏重演吗？

赶忙问一问亲戚们，这雪能下大不？

亲戚们都说，"不用下大，起风就完。不管雪大小，一起风，把雪刮到路上，就封死了。"

"那就多住几天呗。"

亲人们都挺热情，我们也确实"多住过几天"，但是，想想一旦封路就不知哪天能通车，还是心里发毛，这假期可是有限的，不是想休多久休多久的。

赶紧张罗往回跑。

两个孩子正玩得开心，幼子听说要回走，坚决不同意。商量几遍，没太费劲就答应了。

五

眼瞅着天要黑下来，雪花儿越飘越大，还起了风，一家人匆匆上车，钻进雪胡同往回跑。

路底子本来就是压实的积雪，上面再落一层轻雪，更滑了。

四条雪地胎左拧右滑，磕磕碰碰往外拱，远远地看到前面一辆车驶来，马上就得左右找路宽的地方，准备会车错车。

这里人有自己的经验，用推土机推出的雪胡同，隔一段就往两旁再推宽一些，供会车错车用。

我把车开到会车点儿，等对向来车过去，它过去了，我却走不动了。两个前轮抓不住溜滑的雪地，任由发动机一阵阵怪叫，尾部轰起浓浓机油味儿的白烟。

下车看看，找到方法，把轮打偏，然后倒车，轰鸣中轮胎抓到了硬处，向后一耸，赶紧刹住，校正方向再向前，终于脱离险境。

有了这次教训，再会车的时候就不敢太靠边或上没有车辙印的地方。

就这么一溜烟逃回县里岳母家，上楼时才发现，因为跑得着急，去时带的拉杆箱、手机充电器、儿子的平板电脑等，全都落在了乡下。

老天弄人，后来雪并没有下起来，白白把我们折腾得匆忙慌乱。

美景能遇亦须能赏

一

古人有"朝为田舍郎，暮登天子堂"与"一封朝奏九重天，夕贬潮阳路八千"的感慨，感慨的是瞬间的穷达。

老杜因为生活比较颠沛流离，所以常常会感慨，感慨人生的无常，感慨命运的不可捉摸。

然而今天，老杜有此感慨，却不是因为生死，也不是因为穷达，而是因为一场春雨造成的际遇。

大年初六，莫名其妙地下了场春雨。雨不大，却足以化掉路上的积雪，足以造成路面的湿滑，造成多起交通事故；而经历了冰冻的一夜之后，更是让路上的低洼积水成冰，多条道路因此而险象环生。

老杜车载一家大小，没有险中求胜的勇气，只好向领导告假，待路况转好再行返程。

二

哈同路是一条著名的路，因其曾经连续多年创下年死百人左右的"战果"，而成为黑龙江省少有的"吃人路"。老杜在这条路上奔波多年，曾亲眼见致五死毁三车的事故，自己也曾经在路上车虽损而人不伤，难免心有余悸。

于是决定改道七台河，躲开一部分哈同高速。然而，却因为这一改道，又有了意想不到的际遇。

打听到鹤大高速放行，就取道七台河兼送一同过年的亲人返家。到了七台河，有"土豪"向幼子显摆说有孔雀可看，又有人开车接送，于是就上了"贼车"，去看那美丽的孔雀。

三

之所以说上了"贼车"，不是因为这车上有贼，也不是因为这车是偷的，而是因为一旦上了车就下不来。

这车拉着我们上山了。

答应幼子去看孔雀的时候，并不知道这孔雀在山上。可是当微面驶上了崎岖的山路，路面冰滑如镜，四野山林寂寂，老杜就是想下车，却也是不敢下来了。

本来是想回避冰雪高速路而来七台河，结果却在迷糊中上了比高速更危险的冰雪山路。

这就是命，当你怕什么的时候，当你躲什么的时候，什么就会更鲜明而强大地出现在你面前，让你躲无可躲，避无可避。

你只能面对。

四

　　七台河是山区，市里市外，到处的上岗下坡，这里的山路，即使在普通的冬日，我也是心有余悸的。

　　腊月二十八，我来七台河接亲戚，正赶上大风雪，每一个上坡的路口都在堵车，七台河所有的交警都在路上，仅仅一个左转弯，老杜就等了三个灯。

　　不是因为车多，而是因为路口恰是上岗，绿灯亮起后，前车起步，雪地胎在明亮如镜面的坡路上打滑，一个灯能够过去三四辆车，也就不错了。

　　现在，我已经从山上下来，坐在七台河的网吧里写这篇文字，你问我，如果再让我选择一次，我会不会在冰雪湿滑的天气里上山看孔雀？

　　我想，我的膝盖都知道答案。

五

　　那么，上山看孔雀，是不是一趟不堪回首的经历呢？

　　不是的。

　　危险是无形的，它从来都不随便出现，你看不到它。但却不要假装它不存在，因为，一旦你看到了它，那一切，就都晚了。

　　万幸，我今天没有看到它。

　　平静的山庄，坐落在半山腰。位置不是很高，向前却能够看出去很远。

　　远方，有残破的雪原，有红墙白顶的山村民居，有老绿色的针叶林，还有黑黝黝的群山……

　　这一派肃穆的水墨山水，只有身临其境，才能感受到它苍凉的美。

　　传统中国画向来注重笔法、气韵的组构，看这里，却知道原来造化的精工，远胜人力的构造。

　　我们常感叹美景如画，其实，作为自然仿制品的绘画，哪里能有大自然本身美呢？

六

　　危险暂时隐去，兴致遂上心头。

　　拿出一路陪我的挂耳咖啡，冲上一杯，坐到黄昏的院子里，欣赏这难得一遇的山中美景。

　　这难得一遇，不是美景难见，却是我辈工薪族不易见。这一点，从山庄养牛老农对我的态度就可见一斑。

他两次经过我的身边，很奇怪地看着我，问我，"不冷吗？"

他的意思是，大冷天的，搁外边坐着，为啥呢？

国学大家叶嘉莹说，"对于人生种种，不仅要能感之，更要能写之，方为诗人。"

而此时面对美景的老杜想的却是，自然在前，不但要能遇之，更要能赏之，方为至人。

譬如陶渊明的"采菊东篱下，悠然见南山"，南山一直都在，却只有"不为五斗米折腰，拳拳事乡里小人"的陶令，于采菊时的悠然之见方能证得其美。

第十章

旅行中的人生感悟

所有旅行者看到的都是相同的东西，但这同样的东西却给每个人很多感受，有些相同，有些不同。相同的，是源于我们共同的所见所闻、经历经验；不同的，是源于我们不同的知识见识、文化储备。

别让旅行变成照片上的旅行

一

从西安回来一直忙,忙到跟朋友们聊天都是三言五语,连坐一起喝杯咖啡的时间都没有。

周五,值夜班,才有机会跟朋友电话聊了一会儿。

朋友说:"西安,你去的地方我都去过,但是都忘了。"

"可是你的影集里一定有一大堆照片,证明你去过。"我说。

"嗯。"朋友说:"现在看来,我似乎只在照片里去过。"

后来,我们聊到了他的孩子,其实我们主要在聊他的孩子,今年高考了,考得相当不错,他想奖励孩子一下,带孩子出去走走。这就说到关于旅游的感受,他说,"不希望孩子的旅行也像他一样,只在照片上去过"。

到底该怎样旅游才有收获?你给谈谈吧。

二

中国人好旅游。

过去的读书人讲"读万卷书,行万里路",讲的是知行合一,既要"阅书"又要"阅世"。

所以中国的旅行文学一直很发达,谢灵运应该是中国最早的"驴友"吧,还有李白,"噫吁嚱,危乎高哉!蜀道之难,难于上青天……"非亲历写不出如此气势与感受。

古人的旅行方式是知识+见识,有书本上的知识做基础,再有亲历亲见亲感,所以才能写出不同凡响的文字,这文字是知识+见识的化合反应,是旅行感受的升华。

这种旅行方式可以说是旅行的最高境界,当代人余秋雨写过一套系列访古游记《霜冷长河》《千年一叹》《行者无疆》等,可以说是当代此类文学中成就高者。

三

可是，古人的旅行方式是标准的旅行方式吗？余秋雨的旅行方式是标准的旅行方式吗？有一种标准的旅行方式吗？

肯定没有的。

朋友的朋友，正宗驴友，法号"贪吃驴"。

他每到一处，风景名胜倒在其次，基本上也就拍个照；剩下的时间，主要在收集地方小吃名吃，不吃到、不吃全是不会离开的。

他最津津乐道的例子，是在北京吃"舌尖上的中国"里推荐的一个叫"九十九顶毡房"的蒙古包里的小吃，因为人多排队，排到已经没时间，他还是点了东西打包，准备上车吃，结果路上又塞车，最终没有赶上火车。

吃遍天下小吃的旅行，你觉得怎么样？

老杜是很羡慕他的，有机会听他白话一次吃的经历和感受，绝对是一种享受。

四

老杜也不会旅行，前半生到过很多地方，也基本上等于在照片上去过。回顾这半生走过的诸多地方，有的看照片都想不起来。

正因为如此，当自己到了50岁的时候，老杜才想探索一种有价值的旅行方式，所以，才有此次的西北独行，一种度假式的旅行。

这一次，老杜主要的目的是去感受。

西安我是去过的，而且去的地方比这一次还要多。为什么要重新再去一次？为什么要选择西安作为自己度假式旅行的第一站呢？

就是因为西安城厚重的历史感，在它厚重的历史下面，埋藏着太多的辉煌与寂灭，政治的、宗教的、社会的、文化的、人性的，方方面面，为追求存在价值的我，能够提供不同的借鉴与参考，让我可以透过历史的尘埃，看穿尘世的浮华。

五

没有一种标准的旅行方式。

如何旅行，关键看你旅行的目的是什么。

看风景？看民俗？看人文？看历史？看热闹？或者，是想吃遍天下小吃；

或者，看什么无所谓，就是想随便走走？

其实不管你想看什么、吃什么，还是感受什么，最好还是先做一点儿功课，也就是找一找相关的资料、知识。

比如去西北，如果想看，历史知识和自然知识很重要；如果想吃，那么地方民俗、风味、风土你要知道些。

如果你根本不知道雅丹地貌是怎么回事，也不知道古大夏国是怎么回事，那么，西夏王陵就是大土堆而已，雅丹地貌就是寸草不生而已。

如果你对相关知识有所了解，那么，你就会知道在贺兰山下曾经发生过怎样辉煌的历史，上演过如何豪壮的故事，一群怎样的英雄，如何崛起，又如何消逝，这硕果仅存的大土堆，下面却有着数不清的历史与故事……

六

讲一个老杜的窘事。

老杜虽然走的地方挺多，但是对吃一直不在行，尤其是地方小吃名吃之类，一般是敬而远之。

这次去西安，朋友竭力推荐地方小吃，老杜就选了个叫臊子面什么的小吃试了一下，吃第一口，我就后悔了，那叫个酸哪！一点咸味没有。

老杜在家里都是不吃醋的，哪里受得了这个？总不能吃一口就放下吧，十五块钱呢。于是又硬着头皮吃了两口，实在受不了，整整一个下午，都处于反胃状态。

看来，即使是再著名的小吃，再好吃的小吃，也得看有没有那个福分。老杜想做贪吃驴，胃不配合，恐怕也做不成了。

七

不管到哪里旅行，所有旅行者看到的都是相同的东西，但这同样的东西却给每个人很多感受，有些相同，有些不同。

相同的，是源于我们共同的知识见识、经历文化；不同的，是源于我们不同的经历见识，不同的文化储备。

所以，想不让自己的旅行成为照片上的旅行，行前适当地做一点功课，行中仔细地观察和感受是非常重要的。

陈丹燕说得好，"一个细节可以让你记住一个世界"。

赶的是路，感受的却是人生

一

沉沉黑夜里，长途疲劳中，当大庆收费站那一串粉红色的灯光出现在狭长的高速公路的尽头，温暖的感动再一次涌上我的心头。

历时13个小时，在奔波了1028千米之后，我又一次平安回家了。

像往常一样，这依然是一趟坎坷的旅行：

早晨还未从秦皇岛出发，同学们就告诉我一个不美丽的消息，因为大雾，高速封路了。

怎么办？走吧，在路上找找有没有吃饭的地方，如果有就吃口早饭，然后看看雾散不散。

按照导航仪的路线走，一溜烟儿就到了高速口，一看，居然开着，问一下发卡的工作人员，回答"刚开的"。

这真是幸运，快走吧。上路快跑到山海关服务区，下来吃早饭，小儿子这几天就没好好吃饭，再跑一天车，怕折腾病了，必须得把饭吃好。

还好，豆浆、咸菜、糖饼，孩子多少还算吃了一点儿。

二

上路再走，没多远，堵上了。

小车都在最里道，中间行车道和最外道壁立的大货车，山脉一样向两头伸展，前不见头，后不见尾。

这个时候，如果后面再来一辆失控大货车，向前这么一推，我们这些小车就由肉包子直接拍成馅饼了。

这样的事故在网上看到好多，可是你却无处可逃，前后右全是车，左边是隔离带，隔离带那边正飞驰着一辆辆的车。

"摆在你面前的有两条路……何去何从，由你选择。"这好像是过去红色电影里不管哪一方审俘房或犯人时常说的话。

现在，摆在我面前的也只有两条路，一条是上天，一条是入地。

三

可惜老杜既不是土行孙，也不是雷震子，根本无法选择，只好夹在一堆金属巨人间听天由命。

好在蜗行了半个小时就到了"卡脖"处，原来是两辆大货追尾，殃及五六辆小车。

后边大货的驾驶室已经跟前边的货箱镶嵌在一起，停在路中，小车有的前面盖子变形，有的尾杠凹进，地上没有血迹，只有一地碎玻璃，看样子都没有大事儿，只是不知道那个驾驶室变形的大货司机如何，佛祖保佑吧！

四

过了车祸处，撒开了跑，路宽（三排道、四排道），车少（都在后边卡着呢），到义县拐上锦阜高速，然后又叫长深高速，其实都是G25，不知道怎么一段一个名字。

而且，更奇葩的是限速也是一段一个样。

自从下了京哈，约800千米的G25、G45高速，都是两车道，限速时而120千米/小时，时而100千米/小时。

为啥呢？

是根据路况定的限速吗？明显不是那么回事儿，总体上这一路路况都非常好，老杜开得直犯困。

是有很大的上坡下坡，像哈同路一样吗？

更不是，哈同路都全程120千米/小时了，G25、G45就没有大的上下坡。

是因为车的流量大吗？

别瞎猜了，整个这条路上，车都没有哈同路一半儿多，我经常是前后没车地在路上孤独地奔跑。

同样的路况，不同的限速，你时刻都得注意路边的牌子，不知道从哪儿开始限速就变了，你就可能被躲在大桥后面的摄像头抓拍，罚200元，扣2分。

五

一路上除了京哈路上的追尾车祸，还有长一段、短一段的修路，有的只是修一座几百米的桥，有的是修几公里的路，于是就并道、就减速，还有临时性对路面或路边设施的修补，都要拦上一段路。

听我发了这些牢骚，你一定以为我讨厌开车出行，讨厌跑长途。

其实正相反，自驾旅行是我最喜欢的业余爱好之一。

那我为什么还要唠叨这些？

我之所以如此详细地描述自驾车长途旅行遇到的种种问题，是因为我觉得这旅行跟人生其实是一样的，你出发之前不知道是不是封路，旅途之中也不知道哪里会拥堵，你常常会处于非常危险的境地而上天无路、入地无门，只能在危险中听天由命。

然后你会发现别人肇事了、有人受伤了，而你，幸运地还能继续旅行；然而，这一路上还会不断地遇到规则不明、路况不明，甚至方向不明的问题，你就得走着、摸着、猜着、撞（撞大运）着。

这一路上，意外不断，可是，回头看时，你会发现，自己已经走出了很远，就像老杜同学聚在一起时才发现，大家已经分开了30年。

30年，伟人说是"弹指一挥间"，可是对于我们这些升斗小民来说，那可是大半生啊！

六

我爱自驾游，一个非常重要的原因是我的人生态度，我重视的不是旅游的结果，而是过程。

比如我去长寿之乡巴马的自驾游，我从出发就已经开始享受这过程的快乐，不是一定非要到巴马才开心。

2007年我跟朋友自驾去陕西，结果还没到陕西，就因为有事而折返，那么，这一趟就白来了吗？

不是的，这一路上的奔波，固然有疲劳，但更多的是开心，路两旁的景色，一路上的风景名胜、人文景观，这一切都是开心快乐的源泉。

七

就比如这次从秦皇岛的返程，黄昏时分，在拐脖店附近的草原上，成群的牛羊在夕阳下放牧，羊倌儿歪在路边，露着黑黑反着油光的上身，懒懒地看着我这一台孤独的车滑进拐脖店服务区……

金黄色的夕阳下是暗绿色的草原，上面点缀着黑白花的牛群，还有一个黑亮的羊倌儿，这一幅景色，不是绝美的图画吗？

还有那长长的路尽头突然出现的大庆收费站的灯光，那是家乡的灯光，看到那灯光，意味着我又一次的远行结束，更意味着我又一次的平安回家，心中涌起的温暖感觉，不是极美的感受吗？

一树红花·海南惊艳

一

开车从屯昌经七仙岭到三亚，又从三亚经琼海到海口返回，老杜算是在海南岛上转了半圈儿。

从亚热带到热带，一路上见到了太多的北方没有的景物，椰林、香蕉林、棕榈林，还有各式各样的大叶植物，很多北方养在盆子里的植物在这里漫山遍野地生长着。

然而令老杜惊艳的还是那一树红花。那一树红色的花，就那么无缘无故地出现在路边，张扬地、放肆地甚至是无辜地开着，让老杜惊艳、惊喜、惊叹。

"一树红花照碧海，一团火焰出水来，珊瑚树红春常在，风里浪里把花开。……"

这是我很小就会唱的一首歌，歌名叫《珊瑚颂》，跟老杜要说的花树没啥关系。只是老杜听到"一树红花"这四个字是从这首歌里，老杜看到"一树红花"首先想到的也是这首歌和它那优美的旋律。

二

老杜生在北方、长在北方、活在北方，看见过一束花、一瓶花、一堆花，甚至一片花，但是，从来没有见过一树花。

从屯昌到七仙岭，一路的盘山道，双向单车道，路面很窄，因为弯道太多视线不好，所以行车要相当谨慎，想超车更难。又遇到一些"马路杀手"，在这样的山路上依然任性飞驰，老杜拉着一车老小，心里只想着安全第一，可谓提心吊胆，身心俱疲。

可是，突然间，一树红花出现在视线里，一棵树，上面开满红色的花，就在路边。

远山如黛，近绿如海，翠枝交错，疏密相间，都成了这一树红花的背景、衬景，它就那么无缘无故地出现在路边，开出一团团、一簇簇红色的花。

惊艳！就是这个感觉。

瞬间，老杜一路上的提心吊胆化为乌有，心里充盈着的，只有这一树红花令人赞叹的美。

这一树红花的美，是那种纯自然的美，就像《边城》小河边的翠翠，她并不知道自己的美丽，也不知道去炫耀自己的美丽，她只是自然地生长着，所以，才显得特别的无辜，特别的单纯、纯净。

三

后来，路边又陆续出现了一树粉花、一树紫花，又一树红花，让老杜艰难曲折的旅途充满惊喜。这一切，是那些跟着旅行团走在环岛高速上的人们感受不到的，也是这海南岛给老杜独特的赠礼。

有了这份赠礼，老杜就不虚此行了。

所有的艰难曲折、颠沛流离都变成了欣赏这一树红花所付出的努力，就像为了考上理想的大学而挑灯夜读，就像是为了追到心仪的女生而等在雨里，心里满满的都是幸福与憧憬，苦与痛都已经隐去。

后面的路，老杜是满怀着期待向前走的。因为我知道前面肯定还有一树、一树、又一树红花在等着我，在路旁，在山根，于万绿丛中，自然而又寂寞地，浑然不知地，展示着她的美丽。

这也是一个很奇妙的现象。我没有看到两棵以上的花树生长在一起。每次她们出现在眼前，都是孤零零的一棵，张扬放肆地展开着枝丫，展示着一树红花，在远远近近无边的翠绿中。

四

旅行作家陈丹燕在她的《我的旅行方式》一书中，写下了这样一段题记：

"对一个细节的注目与体会，是决定你是否能记得一次旅行的重要因素。因为这个细节，甚至你记得了整个世界。"

是的，因为这一树红花，我不会忘记海南，我会怀念这里。

听着我对一树红花的赞叹，家人们憧憬着在自己的院子里种上一棵这样的花树。可是我却没有这样的想法，我甚至不想知道这一树红花的名字、科目、种属、习性，就仿佛我在路边看到一个美女，我并没有上去跟她搭讪的想法或冲动，她自美丽着，我偶尔欣赏着，不是很好吗？！

再说，当这一树红花出现在亲人的小院里，我还会有惊艳的感觉吗？

高速上的牛群·海南 B 面

乘飞机遭遇不靠谱，结果起个大早，还是没上得了飞机，我不留天留，只好在海口再留一天了。

那么，就让老杜继续说一下对海南的印象吧，除了昨天说的《一树红花》，剩下的都放在这里。

一、高速啥都能上

老杜到海南，一下飞机，一股热烘烘的潮气扑面而来，马上就觉得身上的每一件衣服都是多余的，都想扒下来。可是机场不是耍流氓的地方，迅速找个卫生间，把长衣扒了下来，换上短的。

有亲戚在海南工作，是最小的连襟，我们就住在他家里，他被赶到单位住宿舍。

连襟到机场来接我，往回走的路上边聊边教我如何认路、如何驾车。感觉上我们像"皇军"，不但占了他的家，还征用了他的车。

"这个地方的高速跟我们那里不一样，这里高速没人管，啥都能上。"连襟说。

刚开始我也没在意，以为就像我们的某些所谓高速，三轮四轮全都上呗！直到后来，老杜在前方看到一群牛，在高速上看到一群大大小小的牛，才真的明白了"啥都能上"具体的含义。

二、公路啥都在中间走

第二天，去屯昌县里买菜，老杜开车上路。

老杜来海南，不是来旅游，又没有住在三亚、海口这样的大城市，老杜住在屯昌，而且不是在县里。

除了上等级的公路，海南其他的路都很窄。从老杜住的居民区到屯昌街里的路，比大庆通乡通村的公路还要窄。

老杜 30 公里/小时的速度在路上开着，前边是一辆摩托，一个成年男子后座上带个小女孩，一直在路中间开。老杜想超，可是路太窄，又常有对向来车，几次没超过去。不得已，按了两下喇叭，摩托后面坐着的小女孩回头看了一眼，摩托依然不紧不慢。

到了屯昌街里，更是如此。无论两轮摩托还是三轮摩托，都在马路中间走，都随随便便就往路上冲，视汽车如无物。

"如果这些人到了东北的大街上……"场面太惨烈，老杜就不假设了。

三、山路一百八十弯

因为找人，去了七仙岭。

从屯昌去七仙岭，走的是海南的中线。

老杜是路盲，到哪儿不记路，感谢各种导航仪厂家，让老杜得以在东北、中原、西南、中南自驾出行。

看导航，路还不错，有弯儿，都不大。可是走起来才发现，原来是弯儿实在太多了，导航仪都已经无法准确反映了。

湖北的妹子吧，有个叫李琼的，矮矮胖胖，圆圆大脸，嗓门奇高，在 1999 年的央视春晚上唱"这里的山路十八弯，这里的水路九连环，这里的山歌排对排，这里的山歌串对串……"

李琼，你来海南试试，走走山路，看你唱出来的是什么，"这里的山路一百八十弯……"

一百八十弯？

肯定不止这个数儿。

四、海南的 B 面

海南老杜不止有亲戚，还有朋友。只是因为各有所忙，没有时间相聚。

在微信跟朋友聊起来对海南的感受，朋友说，你去的是海南相对比较落后的地方。

敢情，老杜见到的是海南的 B 面。不止海南，任何地方都有 AB 两面。

甚至时代也有 AB 面。狄更斯说，"这是最好的时代，这是最坏的时代"。说的就是一个时代的 AB 面。

老杜朋友们来的海南，包括大量的旅游者来的海南，是海南的 A 面，这 A 面的标志，是三亚、是海口，是一个个椰树参天、碧波白浪的海滩；而老杜来的海南，是海南的 B 面，是亲戚生活工作的海南，是大量海南原住民生活的海南。这个海南更贴近老杜的生活，更真实可感、可亲，甚至可气。

五、海南的 A 面

老杜不止见到了海南的 B 面，也见到了海南的 A 面，比如三亚，也到了三亚的亚龙湾。

那些地方，美得令人窒息，却处处充满着人工的痕迹，真的是旅游度假的好地方。

当人们在现实中打拼得累了、烦了的时候，来到这美得不真实的地方，休养一下身心，过一过梦境般的生活，也是一种调整，一种大战间歇的休息吧。

可惜，老杜却没有这时间与心情，忙完该忙的事，找到该找的人，就到了购票返程的时间。如果不是遭遇不靠谱，老杜现在已经到家了。

远行，寻找并唤醒记忆深处的美

一

思考总是猝不及防的。

就像现在，在这飞行的空中，思考便电光石火般突然降临。

思考什么？

思考的是一位海南原住民的眼神。

海南山路崎岖、信号不好的时候，导航仪就会发出错误的指示，告诉我方向偏离，可是它又不能给我指出一条正确的路，我只好下车去问路。

这时，一位原住民的眼神击中了我。

她肯定不是年轻人，但是三十几岁还是五十几岁，从容貌上我实在看不出来。

听着我略嫌急促的普通话，她茫然地看着我，摇着头。

以老杜不太丰富的旅游经验，即使是到了少数民族地区，也往往是他们能够听懂我们的话，而我们听不懂他们的话。

这就是《新闻联播》的功劳。

可是，这个经验在海南不好使，不止一个原住民听不懂老杜的话。

二

她坐在路边一栋平房的门前，戴着类似越南人常戴的斗笠，一脸茫然地望着我，表情有点儿尴尬。

"你说的她听不懂。"从房子里走出来一个男人，给我指了路。

这明显是一个见多识广的男人，他看了我的黑 E 车牌，有点惊异地问我："很远来的？"

"嗯，东北，很远。"我回答着，并感叹"海南多美呀！"

这时，这个看不出年龄的女人抬起了头望着我，眼睛里是空洞的。

这空洞的眼神似曾相识，却又想不起在哪里见过。

于是，就驻留在我的脑海里。

开车继续走着山路，这弯弯曲曲的山路让我想起了七年前的一次广西自驾游。

三

那年我们几个亲戚朋友在南宁包了辆标致 307，去长寿之乡巴马旅游。

从南宁往巴马也有很长的山路，也是弯弯曲曲，而且比海南的要危险很多。

海南的山路，一面是山，一面是山谷，临山谷的路边生长着很多树木，令老杜惊艳的一树红花就是长在临山谷一面的路旁。而且山谷也往往有草木茂盛的缓坡延伸。

而南宁往巴马的山路，则一面是峭壁——那种劈山劈出来的直直的峭壁，另一面是悬崖——那种深不见底或深几十丈下边是河谷的悬崖。如果不留神，或车辆失控，那么冲出悬崖直降几十丈的结果就是粉身碎骨。

那时还没有多少山路驾驶经验的老杜，开着一辆不熟悉的自动挡标致307，想着一车人的命运都在自己手里，不仅是提心吊胆，更可说是胆战心惊了。

相比来说，走海南的山路就轻松多了。不仅没有巴马山路的惊险，而且还有一树红花的奖赏。

这样想着的时候，老杜忽然想起来了，想起来在哪里见过这位海南女人的眼神。

四

就是在巴马。

我们夜宿巴马原住民家里，同行的女人们围着，给我们做饭的女主人问这问那。

因为是接待游客的原住民，这个中年的女主人能听懂我们的话，也能简单地回答一些我们的问题。

但当我们赞叹这一路景色的优美、民风的淳朴，羡慕她生活在这样一个人间仙境般的地方时，她就用与海南女人同样的眼神望着我们，里面空洞洞，充满着不理解。

这个巴马的女主人还告诉我们，就在我们去的前一天，在我们走过的那条山路上，一辆外地的自驾游面包车掉下了悬崖，直摔在河谷的沙石滩上，"人都死了。"她说这些的时候，眼睛里的不理解与不值得是明明白白的。

而这，也就是海南女人看我的眼神。

五

我们为什么去旅游？

或者说为什么去远方？

仅仅是想看看那些我们没有见过的风景吗？

还是想找寻什么人或什么东西？

甚至寻找一种感受？

不知道朋友们是如何想法，我的答案是去寻找一种感受——一种说不清的感受。

这感受从来就在我们心底，因为日日平淡无奇的生活而被遗忘、被磨灭，只有通过远方的、奇异的风景与风情民俗才能重新唤醒、唤起。

就如海南的一树红花，那一直是老杜心中一种缺失的、渴望的美。所以，当它在崎岖蜿蜒的山路边出现，立刻唤起了老杜的审美共鸣，成为一种最美好的感受，留存在记忆里。

老杜惊艳于海南与巴马的美景，原住民不理解；如果海南与巴马的原住民们来到东北，一样会对"山舞银蛇，原驰蜡象"赞叹不已。也许，我们也会不理解吧。

这种对美好事物的见惯不怪，是人类共同的问题。所以，我们需要旅行，我们需要去远方寻找并唤醒那储存于我们记忆深处的美。

拉卜楞寺：那不被欲望主宰的灵魂

一

在甘肃旅游，参观完拉卜楞寺，心里乱七八糟的。

在参观完宗教场所之后，我已经不是第一次出现这样的感觉。

因为是上午，游客比较多，走在寺院内宽宽窄窄的路上，人声嘈杂，还有游客带来的孩子们相互追逐。

可是这追逐与嬉闹仅限于游客，这里的藏民和僧侣是安静的。这安静不仅仅表现在他们不喧哗、不打闹，更表现在他们行为的平和与面部表情的干净。

干净并不是一个恰当的词汇，可是我没有找到一个更恰当的词汇来形容他们的表情——尤其是僧侣们的表情。

二

那是一种什么样的表情呢？

那是一种非常陌生又舒服的表情，就像我很小的时候见到的老人的表情，又像是在一些西方油画中看到的圣母的表情，具体是什么，我说不好。

于是，我开始注意观察我所遇到的人们的表情，他们走在路上，倚在车上，双手支着下巴坐在咖啡馆里，闲坐在自己经营的小店的门口……

但都不是，跟僧侣们的表情不一样。

从走路人黑黑的脸上，我看到了焦急与烦躁；从摇下的车窗里露出来的中年男人的脸上，我看到了优雅与闲适；从咖啡馆双手支着下巴的美丽的欧洲女人脸上，我看到了略带沉思的等待；而小店主那游移的目光里满是搜寻与渴望。

三

我忽然明白了，每个人的脸都带着各种欲望的表情，或叫贪嗔痴慢疑，或叫喜怒哀乐悲恐惊。

而这些僧侣，他们的表情里完全看不到这样的欲望，他们的脸上是一种不被七情六欲主宰的干净、无欲无求的干净——干干净净的表情。

这是一种发自内心的表情，只有内心不被七情六欲主宰，才会有这样的表情。这表情里没有愤怒，没有悲伤，没有焦虑，甚至没有喜悦，即使在游客违规去了不该去的地方被喝止，那喝止的声音里，也只是听到了威严，听不到愤怒。

四

一次电话，我为了试试手机的录音功能，就边说边打开了录音，后来试听的时候，我听到了自己短促而尖锐的声音，一不平和，二不温暖，三不悦耳，从里面我听到了焦虑，听到了茫然，还有不自信。这声音，让我感觉很讨厌。

一个阿卡——年轻的僧人，是寺庙里派给我们的义务导游。他中等个头儿，微胖，穿着僧人的紫红僧服——这里到处可以看到穿这样僧服的僧人。

他戴个耳麦，走在或站在一堆乱哄哄的游客队伍的前面，用他干净平和的声音讲着一个个殿堂、佛像、唐卡的故事，他的表情，一直是那种干净的表情，包括问大家有没有票的时候，也只是含糊地说，"如果没有票，那我们出去就算账"。声音里，连一点威胁都听不到，感觉就像是妈妈跟孩子说，"出去玩回来晚了打屁股"一样，孩子们都知道，那是不用怕的。

五

一个老人，面向着寺庙的方向，一次次地行着五体投地的大礼，一步一礼、一步一礼，嘴里还哼着什么。

这是磕长头，是在藏传佛教盛行的地区，信徒与教徒们一种虔诚的拜佛仪式。"磕长头"为等身长头，五体投地匍匐，双手前直伸，每伏身一次，以手画地为号，起身后前行到记号处再匍匐，如此周而复始。

他的双手上缚着木板，前胸绑着厚厚的棉垫，一身土色的飞边缺沿儿的衣裤，一双灰土蒙得看不出颜色的翻毛皮靴。

我想拍下他动作的整个步骤，拍完又想把他一步一礼的视频拍下来，为了拍得清晰，我在离他不远的地方单膝跪下，拿手机对着他拍。

老人由远及近，一步一礼地行着五体投地的大礼，直到离我很近的地方，他看了我一眼，只看了一眼，便又专心致志地继续行他的大礼，而就这一眼，让我在他黑黑的脸上看到一双干净、平静的眸子，那里面没有欲望，没有我们求神拜佛那么动机化的热烈与扭曲。

六

为什么我会心乱？

想着这个问题，看着路上一个个被欲望扭曲的脸，我忽然想到，我的脸也是扭曲的——被欲望扭曲。

这就是我心乱的原因吧，我从他们身上照见了丑陋的自己。

已经误了风景，别再坏了心情

一

"十一"值班，幼子也要跟着，就带了来。

单位空空的大采编平台寂寥无人，只有我们俩。

看我做咖啡，小东西上来跟着忙活一阵。然后我看书，他在电脑上看动画片。动画片看腻了，就拉着我，一人手里举着一个玩具拼装飞机，在平台过道间追逐、战斗。

一会儿渴了，要水，一会饿了，要吃的。幸好，来时带得全，一一应付得上。后来，又到休闲区打了一会儿台球，一下午的时间这么忙活着就过去了。

看着他一样一样、兴致勃勃地忙活的时候，我就想，假期值班，这是许多人都不心甘情愿做的事，可是一个小孩子，却能在这么空旷寂寥的采编平台上欢乐一下午。

二

"十一"黄金周的第一天，又有许许多多的人被堵在路上，《人民日报》微博分享了各地堵车情况。

> 天津：京沪高速泗村店路段严重拥堵；
> 江苏苏州：沿江高速江苏省太仓主线收费站附近出现数百米的车流；
> 南京：一度出城各方向都堵废了……

这样的拥堵，是不是让人心情很差？

那是肯定的。2005年，老杜在从承德进京的路上堵过八个小时，当时心情就很差。

可是孩子们不在乎，他们在哪里都能找到欢乐。"五一"的时候，就有关于堵车时孩子们在高速上玩球和跳跳杆的报道。

孩子的欢乐就在心里，在哪儿都能释放出来。

三

而作为成年人的我们，想找到欢乐却比孩子们难多了。

而且更容易因为一些"意外"，把好心情毁掉。

比如现在的"黄金周"，谋划了小半年，终于能够成行，本来心情阳光灿烂的。结果，却哪里也到不了，生生地堵在高速路上，前边看不到头儿，后边看不到尾。于是，好心情不见了。

谁也不想让拥堵毁了好心情。可又能怎么办呢？

心理学有个专有名词叫"情绪管理"，就是教我们管理控制自己的情绪。

可是管控情绪哪有那么容易，在路上憋时间长了谁都可能发火，不是还有个更流行的词儿叫"路怒症"吗?

四

没学来管理情绪的本事,却有着"路怒症"的病根儿,很多人都是这个样子。

那又能怎么办?

答案只有两个字:转移。

当然了,我不是教你从高速路上转移出去。如果你能转移出去,那也就不叫拥堵了。

我是叫你转移注意力。

你可以把注意力转移到周边的风景上。

经过这么多年的建设,中国高速路周边的环境已经很好看了。

北方的秋景,已经五彩斑斓;南方的秋野,也呈现出一个一个鹅黄、浅绿的大的色块,有的还开着一片一片的花。

而且服务区也设计得别具一格,堪比旅游景点儿,有的甚至比景点还别致。这些,无论是拍风景,还是当背景,都是不错的。

再者,"黄金周"高速拥堵本来是预料之中的事,已经堵了若干年,高速免费后只是更加严重了而已。

既然已经是预料中的事,那么,你就可以预先作一些准备,准备一些可以在车上做的游戏,比如下下棋、打打扑克,还有手机游戏。

总而言之,找一些有趣的事情把自己的注意力从堵车上移开,去做一些既能够转移注意力,又能够让自己开心的事。

五

本来嘛,我们假期出去干什么?

有人说旅游,有人说度假,有人说看亲人,有人说放松一下……

这些归结到一起,其实就是三个字——寻开心。

对,我们假期就是寻开心去了。

既然是寻开心,那么旅游是途径,风景是桥梁,都是为了让我们到达开心快乐的彼岸。

想明白这一点,我们就知道,风景重要,开心也重要。

既然堵车已经耽误了我们看风景,那就想办法别让它破坏了我们的好心情吧。